Forschung für die Praxis · Band 3

**Berichte aus dem
Forschungsinstitut für Rationalisierung (FIR)
und dem Lehrstuhl und Institut
für Arbeitswissenschaft (IAW)
der RWTH Aachen**

Herausgeber: Prof. Dr.-Ing. R. Hackstein

W. Konen

Kennzahlen in der Distribution

Mit 9 Abbildungen und 7 Tabellen

Springer-Verlag
Berlin Heidelberg New York Tokyo 1985

Dipl.-Ing. Dipl.-Wirtsch.-Ing. Werner Konen
Forschungsinstitut für Rationalisierung
an der Rheinisch-Westfälischen Technischen Hochschule Aachen

Prof. Dr.-Ing. Rolf Hackstein
Inhaber des Lehrstuhls und Direktor des Instituts für Arbeitswissenschaft,
Direktor des Forschungsinstituts für Rationalisierung an der
Rheinisch-Westfälischen Technischen Hochschule Aachen

D 82 (Diss. TH Aachen)
Originaltitel: Entwicklung und Einsatz eines kennzahlengestützten Verfahrens zur Analyse und Reorganisation von physischen Distributionssystemen

ISBN-13: 978-3-540-15624-6   e-ISBN-13: 978-3-642-82563-7
DOI: 10.1007/978-3-642-82563-7

Gesamtherstellung: FOTODRUCK J. MAINZ GmbH · Neupforte 13 · 5100 Aachen · Tel: 0241/27305

2160/3020-543210

<u>Vorwort des Herausgebers</u>

Die Mechanisierung und Automatisierung der industriellen Produktion hat in den vergangenen Jahren weiter ständig zugenommen. Begriffe wie "Flexible Fertigungssysteme", "Robotereinsatz" oder "CNC-Maschinen" sind einige Deskriptoren dieser Entwicklung. Mit steigender Komplexität der eingesetzten Anlagen, Maschinen und Verfahren erhöhen sich auch die Anforderungen an die Organisation des Zusammenwirkens von Mensch, Betriebsmittel und Material. Die Beherrschung und Verbesserung dieser Ablauforganisation wird mehr und mehr zum entscheidenden Faktor für einen erfolgreichen Einsatz moderner Produktionstechnologien.

Die Ablauforganisation in der Fabrik der Zukunft wird vom Einsatz der Informationstechnik geprägt sein, also der Technik von der Verarbeitung, Speicherung und Übertragung von Informationen. Die Informationstechnik basiert zunehmend auf dem Einsatz der elektronischen Datenverarbeitung (EDV).

Einen der Anwendungsschwerpunkte der Informationstechnik in der Ablauforganisation von Produktionsbetrieben bildet der Einsatz von Informationssystemen für die Planung und Steuerung von Produktionsabläufen einschließlich des Transports und der Lagerung. Der Erfolg solcher Informationssysteme ist in besonderem Maße davon abhängig, wie gut es gelingt, bei der Entwicklung und beim Einsatz der Systeme gleichermaßen sowohl die technisch-organisatorischen als auch die humanen (arbeitswissenschaftlichen) Aspekte zu berücksichtigen.

Gelingt es in der Bundesrepublik Deutschland nicht, die Informationstechnik in der Industrie auf breiter Front erfolgreich zur Anwendung zu bringen, dann ist - vor allem im produzierenden Gewerbe, das dem internationalen Wettbewerbsdruck in besonderem Maße unterliegt - nach einer von Prognos im Auftrag des BMFT durchgeführten Studie bis 1990 mit einem Verlust von rund 500.000 Arbeitsplätzen zu rechnen. Im Falle positiver Bewältigung dagegen wird eine Zunahme von rund 100.000 Arbeitsplätzen erwartet.

Während sich die technologische Entwicklung auf dem Hardware-Sektor äußerst rasant vollzieht, ist zu beobachten, daß zwischen der durch die Hardware gebotenen Möglichkeiten und der durch entsprechende Methoden und Programme (Software) realisierten Anwendungen eine immer größere Lücke entsteht, die als "Software-Lücke" bezeichnet wird.

Erfolge beim betrieblichen Einsatz können weiterhin aber auch nur dann erreicht werden, wenn der Mensch die o.g. Informationssysteme akzeptiert. Das aber gelingt nur, wenn der Mensch die sich ergebenden Veränderungen der Arbeitsanforderungen, Arbeitsaufgaben und Arbeitsplatzbedingungen positiv bewältigen kann. Da bisher zu wenig Beweglichkeit, Einfallsreichtum und Flexiblität bei der Entwicklung neuer Bedingungen für die Gestaltung der Arbeitszeit, des Arbeitsplatzes, des Arbeitskräfteeinsatzes, der Arbeitsorganisation u.ä. festzustellen ist, zeigt sich hier eine zweite, immer größer werdende Lücke, die vielfach als "Akzeptanz-Lücke" bezeichnet wird und die in ihren negativen Auswirkungen der "Software-Lücke" sicherlich nicht nachsteht.

Die Arbeiten der beiden vom Herausgeber geleiteten Institute, des Forschungsinstituts für Rationalisierung (FIR) in Aachen und des Lehrstuhls und Instituts für Arbeitswissenschaft der RWTH Aachen (IAW), sind daher darauf gerichtet, Beiträge zur Schließung der aufgezeigten Lücken zu leisten. Zur Umsetzung gewonnener Erkenntnisse wird die Schriftenreihe "FIR-Forschung für die Praxis" herausgegeben. Der vorliegende Band setzt diese Reihe fort.

Dem Verfasser danke ich für die geleistete Arbeit, dem Verlag für die Aufnahme dieser Schriftenreihe in sein Programm und allen anderen Beteiligten für ihren Beitrag zum Gelingen des Bandes.

Rolf Hackstein

Inhaltsverzeichnis   Seite

<u>Seite</u>

1. Einleitung und Zielsetzung

Die physische Distribution industrieller Massenprodukte bildet den Abschluß einer langen Material- und Warenflußkette, die von der Rohstofferschließung über die industrielle Produktion von Halbfabrikaten und Fertigwaren bis hin zum Endabnehmer reicht. Die physische Distribution verbindet die lokal angesiedelte Produktion mit den meist räumlich groß ausgedehnten Absatzmärkten. Ihr obliegt die Aufgabe, zwischen den zum Teil gegensätzlichen Anforderungen der Bereiche Produktion und Absatzmarkt einen Ausgleich herbeizuführen (vgl. TRAUMANN 1973, S. 18 ff.).

Im Bereich der industriellen lagerorientierten Massenfertigung von Konsumgütern und technischen Verbrauchsgütern ist die physische Distribution in der überwiegenden Mehrzahl der Fälle als Dienstleistung durch die Hersteller zu erbringen, die diese Aufgabe lange Zeit eher als notwendiges Übel, denn als Bereich mit erschließbaren und lohnenden Rationalisierungsreserven betrachteten.

In den letzten Jahren hat "der durch zunehmenden Wettbewerbsdruck hervorgerufene Wandel der Märkte vom Anbieter- zum Käufermarkt" (TEMPELMEIER 1983a, S.1) zu einer stärkeren Leistungsorientierung der Distribution geführt und ihren Charakter als Instrument des Marketing deutlich hervorgehoben (vgl. HENNING 1981, S. 8 f.). Die Möglichkeit, ein Produkt mit dem zusätzlichen Qualitätsmerkmal der Serviceleistung zu versehen, wurde zunächst nur von einer Minderheit der Hersteller aktiv genutzt, was jedoch bei der Enge der Märkte zu einem rapiden Anstieg der Anforderungen an die Serviceleistung der Distribution führte.

In diesem Zusammenhang sind folgende Tendenzen, wie sie bereits vor mehr als einem Jahrzehnt aufgezeigt wurden, unvermindert zu erkennen:

- Die Abnehmer sind bestrebt, ihre beschaffungsseitige Lagerhaltung auf den Lieferanten abzuwälzen, verbunden mit der Forderung nach kürzeren Lieferzeiten, häufigeren Anlieferungen und nach einer höheren Verfügbarkeit (vgl. KLEE, RÖHR, TÜRKS 1971,

S. 1107; PFOHL 1972, S. 78; TRAUMANN 1976, S. 28; KUNZ 1976, S. 5; BLANK 1980, S. 2; HENNING 1981, S. 8 f.).

- Durch eine stetige Diversifizierung nehmen die Sortimentsbreiten zu, was eine größere Anzahl lagerhaltiger Artikel bei geringeren Absatzmengen je Artikel mit sich bringt. Dies ist verbunden mit einer überproportionalen Steigerung der Sicherheitsbestände, der Lagerhaltungs- und der Kapitalbindungskosten (vgl. KLEE, ROHR, TÜRKS 1971, S. 1107; PFOHL 1972, S. 78; HENNING 1981, S. 8 f.).

- Zur Erhaltung der Konkurrenzfähigkeit muß die Serviceleistung der aktuellen Entwicklung auf den einzelnen Märkten angepaßt werden. Wurde zunächst regelmäßig auf die Notwendigkeit einer Verbesserung der Serviceleistung hingewiesen, die letzlich mit Kostensteigerungen verbunden ist (vgl. MIDDELMANN 1978, S. 1f.; BLANK 1980, S. 1 f.), so werden heute je nach Marktstellung des Unternehmens und Marktsituation auch Reduzierungen der Serviceleistungen bei anteiliger Weitergabe der Kostenvorteile an den Abnehmer erwogen (vgl. KUCK 1981, S. 7; ZVEI 1982, S. 17).

- Nicht zuletzt bedingt durch die hohe Personalintensität des Distributionsbereiches waren und sind hier überproportional hohe Kostensteigerungen zu verzeichnen (vgl. KUNZ 1976, S. 6; BLANK 1980, S. 2; HENNING 1981, S.14 f.; JOHNSON/WOOD 1982, S. 6; WALDMANN 1982, S. 3).

Die wirtschaftliche Bedeutung des Distributionsbereichs läßt sich ermessen an der Höhe seiner Kostenverursachung. Einer Studie des BATELLE-INSTITUTS (1966, S. 2 ff.) zufolge beträgt der Anteil der Distributionskosten am Umsatz je nach Wirtschaftszweig im Durchschnitt zwischen 3,5 und 18,5 %. Dies entspricht einem Anteil von 5 bis 22,8 % an den Gesamtkosten. Für die Elektrotechnische Industrie in der Bundesrepublik Deutschland wird der Anteil der Distributionskosten am Umsatz mit durchschnittlich 9 % angegeben, was für 1981 einen absoluten Betrag von nahezu 10 Milliarden DM ausmacht (vgl. ZVEI 1982, S. 9 f.). Zu ähnlichen, die Bedeutung der Kosten der physischen Distribution unterstreichenden Ergebnisse kommt auch SMYKAY (1973, S.6). Er schätzt die gesamten

Distributionskosten in den USA für 1973 auf 166 Milliarden Dollar pro Jahr. In Einzelfällen werden Anteile bis zu 20 % am Umsatz erreicht. Für die Nahrungsmittelindustrie schätzt KRULIS-RANDA den durchschnittlichen Anteil der Distributionskosten am Umsatz auf 32 % (1977, S. 5) , während DOLLINGER (1983, S. 6) je nach Branche Anteile von bis zu 30 % des Umsatzes konstatiert.

Als einem einzelwirtschaftlichen Beispiel sei auf KRULIS-RANDA (1977, S. 4) verwiesen. Demnach betragen die Distributionkosten bei der Nestle-Gruppe 10 % vom Umsatz, was für das Jahr 1973 Kosten in Höhe von 1,6 Mrd. SFR entspricht. WINKLER (1983, S. 55) gibt für ein Unternehmen der elektrotechnischen Industrie Distributionskosten von ca. 7 % des Umsatzes an, wobei er in den letzten Jahren einen überproportionalen Anstieg ohne nennenswerte Leistungssteigerung konstatiert.

Sowenig derartige Zahlen über die Ursache ihrer Höhe aussagen, umso eindrucksvoller zeigen sie die Bedeutung des Kostenfaktors Distribution auf. Eine marktgerechte, kostengünstige und wettbewerbsfähige Distribution wird so zu einem entscheidenden Faktor des unternehmerischen Erfolges. Die Verfolgung dieses Zieles bedarf in Anbetracht der Komplexität dieses Bereiches der Methoden einer logistischen Planung, Steuerung und Kontrolle.

Von der operativen kurzfristigen Entscheidungebene - z.B. der aktuellen, täglichen Tourenfestlegung von Auslieferungsfahrten - ist die strategische Planung und Kontrolle von Distributionssystemen mit eher langfristigem Planungshorizont abzuheben. Sie umfaßt die ganzheitliche Planung von Distributionssystemen, sowohl bezüglich längerfristig wirksamer Festlegungen der Systemstruktur als auch bezüglich der Bestimmung wirtschaftlicher Strategien (vgl. WINKLER 1977, S. 47 ff.).

Wie in einem späteren Abschnitt eingehend erörtert wird, bezeichnet die Distributionsstruktur die physische Gestaltung eines Distributionssystems hinsichtlich der räumlich-geographischen Verteilung von Lagerstandorten, ihrer Anzahl und der Abgrenzung und Zuordnung von Liefergebieten, während die Distributionstrategie Handlungsvorschriften zur Steuerung des Warenflusses zwischen dem Unternehmen und dem Absatzmarkt umfaßt.

Die Aufrechterhaltung einer kostengünstigen und leistungsfähigen Distribution erfordert daher gleichzeitige und abgestimmte Entscheidungen zu Standort-, Materialfluß- und Lagerhaltungsproblemen und ihre regelmäßige Überprüfung. Das im Rahmen der Kostenrechnung und des betrieblichen Rechnungswesens verfügbare Datenmaterial ist jedoch für solche Zwecke in der Regel nicht geeignet, da es weder hinreichend detailliert ist, noch ausreichende Leistungsbezüge aufweist, um eine gezielte Schwachstellenanalyse unterstützen zu können.

Zur strategisch-langfristig orientierten Analyse und Reorganisation von Distributionsystemen hat sich der Einsatz von Simulationsmodellen bewährt. Eine hinreichende Abbildungsgenauigkeit vorausgesetzt, ermöglichen sie die anforderungsgerechte und wirtschaftliche Gestaltung von Distributionssystemen (vgl. HACKSTEIN u.a. 1980, S. 324; KONEN, KUNZ, ROLLMANN 1982, S. 39 f.). Als entscheidendes Hemmnis für eine größere Anwendungsbreite solcher Modelle ist jedoch ihr beträchtlicher Einsatzaufwand anzusehen. Eine kurzfristig, mit geringem Aufwand durchführbare Analyse von Distributionssystemen bezüglich ihrer Wirtschaftlichkeit und möglicher Reorganisationsmaßnahmen können diese Modelle nicht leisten.

Zielsetzung dieser Arbeit ist daher die Entwicklung und die exemplarische Anwendung eines kennzahlengestützten Verfahrens, das mit möglichst geringem Zeit- und Rechenaufwand eine kurzfristige Analyse und Reorganisation existierender industrieller Distributionssysteme ermöglicht.

Nach einer Zusammenstellung notwendiger Begriffsabgrenzungen sowie der Abgrenzung des Untersuchungsfeldes (Kapitel 2) werden die bisherigen Methoden zur Analyse und Reorganisation von Distributionssystemen und Ansätze zur Kennzahlenbildung im Distributionsbereich dargestellt (Kapitel 3). Aufbauend auf einer ganzheitlichen und systematisierenden Analyse und Beschreibung von Distributionssystemen (Kapitel 4) wird ein Verfahren zur kennzahlengestützten Analyse und Reorganisation von Distributionssyste-

men entwickelt (Kapitel 5) und in seiner realisierten Form vorgestellt (Kapitel 6). Anhand einer exemplarischen Anwendung wird
anschließend die Praktikabilität und Wirksamkeit des Verfahrens
dargestellt (Kapitel 7).

2. Begriffliche Klärungen und Abgrenzungen

Einer detaillierten Untersuchung des Bereichs der physischen Distribution sei eine Abgrenzung wichtiger Begriffe und eine Abgrenzung des Untersuchungsfeldes vorangestellt.

2.1 Logistik und physische Distribution

Ein Distributionssystem ist als Teil- (oder Sub-) System eines gesamtbetrieblichen Logistiksystems anzusehen. Die Aufgabe eines übergreifenden Logistiksystems besteht darin, alle Aktivitäten zur Überwindung von Raum- und Zeitunterschieden von der Rohmaterialbeschaffung über alle innerbetrieblichen Be- und Verarbeitungsstationen bis zur Auslieferung des Produktes an den Kunden oder den Absatzmittler zu gestalten, zu steuern und zu kontrollieren (vgl. dazu BALLOU 1973, S. 7; BOWERSOX 1974, S. 2; KIRSCH, BAMBERGER u.a. 1973, S. 69; JÜNEMANN 1975, S. 16; WINKLER 1977, S. 15; KAPOUN 1981, S. 125; ZVEI 1982, S. 14).

Dies umfaßt die Planung, Ausführung und Kontrolle der Güter- und Informationsströme sowie ggfs. die Entwicklung eines geeigneten logistischen Gesamtsystems (vgl. PFOHL 1972, S. 29). Die Logistik durchdringt so alle betrieblichen Teilbereiche, wie sie durch eine funktionale Gliederung z.B. als Beschaffung, Produktion und Absatz abgegrenzt werden, als übergreifende Querschnittsfunktion. Diesem Logistik-Begriff entspricht in der amerikanischen Literatur der Begriff "Business Logistics" (vgl. PFOHL 1972, S. 23 f.; BOWERSOX 1974, S. 2; JOHNSON/WOOD 1982, S. 4 f.).

Die physische Distribution als Logistik-Subsystem beschränkt sich auf die Funktion der Verbindung und des Ausgleichs zwischen Produktion und Absatzmarkt (vgl. MAGEE 1968, S. 62; KIRSCH, BAMBERGER u.a. 1973, S. 70). Zur Kennzeichnung dieses Aufgabenbereichs findet sich in der Literatur eine Vielzahl verschiedener Begriffe, die teils synonym, teils mit überdeckenden Inhalten verwendet werden, wie z.B.:
Physische (Physical) Distribution, Distribution, Warenverteilung, betriebliche Warenverteilung, Fertigwarenverteilung, Marketing Logistik, physisch/technischer Vertrieb.

Alle diese Begriffe umfassen zumindest die Funktion der Übermittlung der Fertigwaren von der Produktionsstätte bis hin zum Abnehmer (vgl. MAGEE 1967, S. 2; PFOHL 1972, S. 26; KIRSCH u.a. 1973, S. 70 f.; WITTEN 1974, S. 1; KUNZ 1976, S. 2; WINKLER 1977, S. 15 f.; DELFMANN 1978, S. 3; ZVEI 1982, S. 14; JOHNSON/WOOD 1982, S. 1; TEMPELMEIER 1983b, S. 1).

BOWERSOX, SMYKAY und LA LONDE (1968, S. 4) beziehen die Beschaffung in den Aufgabenbereich des Physical Distribution Management mit ein, klammern jedoch den Materialfluß zwischen den einzelnen Produktionsstufen aus. Auch PFOHL subsumiert unter Physical Distributions Management die Aufgaben der Beschaffung und grenzt diesen Begriff von der Marketing Logistik ab, die diese nicht beinhaltet (vgl. PFOHL 1972, S. 24 ff.).

Die gleiche Definition der Physical Distribution verwendet auch LANZENDÖRFER (1973, S. 9 ff.) mit dem Hinweis, daß Beschaffung und Absatz bezüglich einer Reihe von Fragestellungen durchaus gleich behandelt werden können, und nur ihre gemeinsame Betrachtung zu einer optimalen Konzeption des betrieblichen Logistik-Systems führen kann. In der Mehrzahl realer Aufgabengebiete besteht keine zwingende Notwendigkeit einer Einbeziehung der Beschaffungsseite in die Betrachtung (vgl. WINKLER 1977, S. 17).

Den folgenden Ausführungen wird daher die Abgrenzung von KUNZ (1976, S. 2) zugrundegelegt. Der Bereich der Physischen Distribution oder Distribution - diese beiden Begriffe werden synonym verwendet - erfaßt so den Warenfluß vom Werkslager bis hin zum Absatzmarkt und stellt damit die letzte Stufe des betrieblichen Material- und Produktflusses dar.

2.2 Lieferservice und Lieferbereitschaft

Zur Kennzeichnung der Leistung eines Distributionssystems werden häufig die Größen Lieferservice und Lieferbereitschaft als Bewertungsmaßstab angeführt (vgl. KUNZ 1976, S. 27 f.; TEMPELMEIER 1983b, S. 5 f.). Da diese Begriffe in der Literatur nicht einheitlich definiert sind, wird zunächst eine Abgrenzung vorgenommen.

HÖRSCHGEN (1979, S. 286) subsumiert unter dem Begriff 'Lieferservice' all jene Leistungen, welche die Unternehmung zusätzlich zur eigentlichen Belieferungsleistung erbringt, wie:
- Montage,
- Benutzerschulung,
- Garantieleistungen und
- Finanzierungshilfen u.ä.

Danach wird der Lieferservice mehr als absatzpolitiches Instrument, denn als quantifizierbarer Leistungsmesser angesehen.

Eine wesentlich größere Vielfalt qualitativer und quantitativer Komponenten weist die Definition von HIRSCH (1972, S. 27 f.) auf. Der Lieferservice umfaßt demnach:

- reine Kundenservicefunktionen,
    - technische Beratung
    - Garantiebedingung
    - Finanzierung
- Nebenbedingungen des Distributionssystems   und
    - Art und Form der Verpackung
    - Ausmaß und Zusammensetzung von Versandeinheiten
    - Mindestauftragsgröße
- Hauptkomponenten des Distributionssystems
    - Lieferzeit
    - Lieferbereitschaft
    - Lieferzuverlässigkeit.

Etwas weniger umfassend zählt PFOHL zu den Elementen des Lieferservice (1972, S. 177 ff.) :
    - die Lieferzeit,
    - den Verfügbarkeitsgrad,
    - die Korrektheit und Unversehrtheit der Lieferung,
    - die Modalitäten der Auftragserteilung z.B. Mindestauftragsgröße und
    - die Zusammenarbeit mit den Kunden.

Weitere ähnliche Abgrenzungen finden sich u.a. bei KIRSCH, BAMBERGER u.a. (1973, S. 278 ff.) und DELFMANN (1978, S. 1 ff.). Von solchen "Indikatorenbündeln" (TEMPELMEIER 1983b, S. 7) eignen sich jedoch nur die Größen Lieferzeit und Verfügbarkeitsgrad als Meßgröße der Distributionsleistung, da ausschließlich sie unmittelbar quantifizierbar sind. Bei der Distribution lagerorientiert gefertigter Ware stellt die <u>Lieferzeit</u> die Zeitspanne vom Eingang des Kundenauftrages in der Unternehmung bis zum Empfang der Lieferung durch den Kunden dar. Der <u>Verfügbarkeitsgrad</u> kennzeichnet den Anteil der Kundenaufträge, die aus den Beständen eines Lagers erfüllt werden können (vgl. PFOHL 1972, S. 177 ff.; KUNZ 1976, S. 18 f.).

Beide quantifizierbaren Komponenten werden im folgenden unter dem Begriff <u>Lieferbereitschaft</u> zusammengefaßt, ohne jedoch eine funktionale Beziehung herstellen zu wollen (vgl. KUNZ 1976, S. 27 f.), während der <u>Lieferservice</u> darüberhinaus die vorstehend erläuterte Vielzahl weiterer, nicht quantifizierbarer Komponenten umfaßt. Die im Rahmen dieser Arbeit vorgenommene Beschränkung der Betrachtung auf die Lieferbereitschaft soll jedoch die Kostenwirksamkeit der anderen Elemente im Rahmen der Distribution keineswegs bagatellisieren. Bei der Beurteilung der Wirtschaftlichkeit eines Distributionssystems stellen sie jedoch eher Randbedingungen dar, deren Festlegung im Rahmen übergeordneter absatzpolitischer Entscheidungen zu erfolgen hat und deren Bewertungsfragen hier nicht weiter erörtert werden sollen.

2.3 Untersuchungsfeld

Die im Rahmen dieser Arbeit betrachteten industriellen Distributionssysteme finden sich in der betrieblichen Praxis insbesondere im Bereich der Konsumgüterindustrie und der technischen Verbrauchsgüterindustrie. Sie sind im folgenden anhand einiger charakteristischer Merkmale beschrieben, um so das Untersuchungsfeld dieser Arbeit abzugrenzen.

Es wird ausgegangen von einer lagerorientierten Fertigung, bei der mehrere Produkte in großen Stückzahlen hergestellt und in einem der Produktionsstätte angegliederten Lager zunächst eingelagert werden. Bei Vorliegen mehrerer, räumlich getrennter Produktionsstätten wird im folgenden vorausgesetzt, daß die je Produktionsstätte produzierten Sortimente bezüglich der einzelnen

Artikel überschneidungsfrei sind. Standortentscheidungen für Produktionsstätten sowie Produktionsprogrammentscheidungen werden im Rahmen dieser Arbeit als gegeben betrachtet.

Eine in zeitlicher und mengenmäßiger Hinsicht stochastische Kundennachfrage veranlaßt die Belieferung der Kunden durch eine zweckentsprechende Abfolge von Transport und Lagervorgängen. Als Absatzmarkt wird ein Gebiet von nationaler Ausdehnung betrachtet, über das die Kundennachfrage in räumlich-geographischer Hinsicht flächig verteilt ist. Die Kosten der Distribution sind vom Hersteller zu tragen.

Diese Abgrenzung des Untersuchungsfeldes ist als typisch anzusehen für die Mehrzahl der in der betrieblichen Praxis im Bereich der Konsumgüter- und technischen Verbrauchsgüterindustrie vorzufindenden Distributionssysteme.

3. Stand der Forschung

Da der Bereich der betrieblichen Distributionslogistik bezüglich seiner Problematik eng verbunden ist mit den traditionellen Aufgaben der Standort- und Materialflußplanung, erweist sich eine Einordnung an der Schnittstelle zwischen den Ingenieurwissenschaften und der Betriebswirtschaftslehre als äußerst zweckmäßig. Zur expliziten Lösung der vielfältigen Probleme dieses Bereiches ist darüberhinaus in der Regel die Einbeziehung der Methoden des Operation Research, der Mathematik und der Informationsverarbeitung erforderlich (vgl. auch KAPOUN, 1981, S. 125).

In den letzten zehn Jahren ist verstärkt die Entwicklung einer Vielzahl quantitativer Methoden für den Bereich der Distribution zu verzeichnen, deren Eignung zur kurzfristigen Analyse von Distributionssystemen im folgenden untersucht wird.

3.1 Methoden zur Planung und Reorganisation von Distributionssystemen

Die bekannten Methoden zur Lösung der vorgenannten Problemstellung lassen sich in drei grundsätzlich verschiedene Kategorien einteilen:

- analytische (mathematisch exakte) Optimierungsverfahren,
- heuristische Optimierungsverfahren (oder Näherungsverfahren) und
- Simulation.

Gemeinsam ist ihnen, daß sie den zu optimierenden Bereich als ein mathematisches Modell darstellen. (vgl. PFOHL 1972, S. 174; MÜLLER-MERBACH 1973, S. 290 ff.; ebenda, S. 451 ff.; DELFMANN 1978, S. 8).

3.1.1 Analytische Optimierungsverfahren

Die analytischen Optimierungsverfahren, wie sie z.B. im Rahmen der Unternehmensforschung untersucht und weiterentwickelt werden,

bieten die Garantie des Auffindens einer optimalen Lösung, d.h.
"das Minimum oder Maximum eines Kriteriums, das unter bestimmten,
im Modell vorgegebenen Bedingungen mathematisch erreichbar ist"
(PFOHL 1972, S. 174). Ihre Anwendbarkeit setzt jedoch die Formu-
lierung des Realproblems als geschlossenes Formalproblem voraus,
was zwangsläufig sehr starke Vereinfachungen bei der Abbildung
notwendig macht. Ein hoher Abstraktionsgrad des Modells bedingt
jedoch eine geringe Realitätstreue und stellt damit die Übertrag-
barkeit der theoretisch optimalen Lösung auf das Realproblem oft
in Frage (vgl. KUNZ 1976, S. 39).

Eine Übersicht der Anwendungen dieser Verfahren im Bereich der
Distribution, die sich jedoch ausschließlich mit Teilmodellen der
Distribution befassen, gibt DOMSCHKE (1977, S. 3 ff.). Analytische Optimierungsverfahren sind nicht in der Lage, komplexere
Sachverhalte als einfache, zweidimensionale Standortprobleme mit
ausschließlich linearen Abhängigkeiten zu berücksichtigen, was
bei der genannten Problemstellung zu nicht ausreichender Homo-
morphie zwischen Realität und Modell führt. DELFMANN zeigt beispielhaft, daß eine nur geringfügig bessere Anpassung eines analytischen Verfahrens an die realen Gegebenheiten den Rechenaufwand enorm steigert und eine exakte Lösung ausschließt (vgl.
DELFMANN 1978, S. 16 f.). Trotz einer nach wie vor stark abstra-
hierten Problemstellung entfällt damit jedoch auch das hervor-
stechenste Merkmal analytisch-exakter Verfahren - der Nachweis
einer optimalen Lösung. Auch EISELE (1976, S. 91) unternimmt zunächst einen analytischen Lösungsversuch, verneint aber eine hinreichende Validität der Ergebnisse für den realen Anwendungsfall
(a.a.O., S. 99).

3.1.2 Heuristische Verfahren

Heuristische Verfahren werden eingesetzt, wenn der Aufwand zur
Lösung eines mathematischen Optimierungsproblems unverhältnismäßig hoch ist. Sie beinhalten grundsätzlich eine Beschränkung
des zu untersuchenden Lösungsraumes und "bestehen aus bestimmten
Vorgehensregeln zur Lösungsfindung, die hinsichtlich des angestrebten Zieles und unter Berücksichtigung der Problemstruktur

als sinnvoll, zweckmäßig und erfolgversprechend erscheinen, aber nicht immer die optimale Lösung hervorbringen" (MÜLLER-MERBACH 1973, S. 290; vgl. PFOHL 1972, S. 175).

Beispiele heuristischer Verfahren im Bereich der Planung der Distribution sind die Modelle von KUEHN, HAMBURGER (1963), FELDMANN, LEHRER, RAY (1966), DRYSDALE, SANDIFORD (1969), DELF-MANN (1978) und TEMPELMEIER (1983a) zur Lagerstandort- und Aus-lieferungsbezirksoptimierung. Letztlich enthalten jedoch auch sie den Zwang zur Darstellung des Realproblems als geschlossenes Formalproblem und den damit verbundenen hohen Abstraktionsgrad. HESSELBACH und EISGRUBER (1967, S. 16) befinden dazu, es sei "bekannt, daß dynamische Gesichtspunkte, Ganzzahligkeit, gegen-seitige Ausschließlichkeit, Interdependenz, nichtlineare Zusam-menhänge und stochastische Variablen meist nur in einfachen Spe-zialfällen mittels sehr komplizierter mathematischer Methoden berücksichtigt werden können." Allein die Abbildung realer men-gen- und entfernungsdegressiver Transportkostenfunktionen ent-zögen der Mehrzahl dieser Verfahren die praktische Lösbarkeit (vgl. DELFMANN 1978, S. 171; TEMPELMEIER 1980, S. 100).

Aber auch neuere Ansätze mit dem Anspruch der Einbeziehung nicht-linearer Kostenfunktionen für Transport und Lagerung weisen fol-gende Abbildungsbeschränkungen auf:
- eine Zeitvarianz der Nachfrage bei Mehrprodukten wird nicht berücksichtigt;
- die Größe notwendiger Sicherheitsbestände und damit die Be-standhaltungskosten für diese werden nicht betrachtet;
- es wird nur die Verbindung der untersten Lagerstufen mit dem Abnehmern detailliert abgebildet, was eine Abbildung und damit Optimierung von - in der Praxis relevanten - Lieferstrategien ausschließt (vgl. TEMPELMEIER 1980, S. 232 ff.).

3.1.3 Simulationsverfahren

Der Einsatz von Simulationsverfahren bietet sich dort an, wo analytische und numerische Methoden versagen. Das Verfahren der Simulation besteht im zielgerichteten Experimentieren an - im

betrachteten Anwendungsbereich mathematischen - Modellen, die der
Realität nachgebildet sind. Der Detailliertheit von Simulations-
modellen sind dabei kaum Grenzen gesetzt (vgl. WINKLER 1977,
S. 131; MIDDELMANN 1978, S. 14).

Die simulationsgestützten Methoden sind geeignet, komplexe Zusammenhänge abzubilden, bedürfen aber eines großen Rechenaufwands
und sind nicht in der Lage, eine optimale Lösung zu gewährleisten. Sie liefern sui generis keine Hinweise darauf, in welchem
Bereich eine optimale Lösung zu suchen ist. Darüberhinaus erlauben sie nicht, die Güte einer simulativ abgebildeten Lösung, d.h.
ihre Nähe zum Optimum zu bestimmen (vgl. MÜLLER-MERBACH 1973,
S. 451 ff.; WINKLER 1977, S. 131; PFOHL 1972, S. 175 f.; TEMPEL-
MEIER 1980, S. 99). Die Güte der ermittelten Lösung hängt weitgehend vom Geschick des Optimierenden ab (vgl. DELFMANN 1978,
S. 10; TEMPELMEIER 1980, S. 99).

Beim Vergleich der beiden Lösungsmethoden "heuristische Verfahren" und "Simulation", welche in der Literatur beide als
praktikabel bewertet werden, zeigt sich, daß heuristische Verfahren zwar den geringeren Rechenaufwand verursachen, im Gegensatz zu Simulationsverfahren jedoch nicht in der Lage sind, für
die Zwecke einer ganzheitlichen Planung von Distributionssystemen
eine hinreichend genaue Realitätsabbildung zu gewährleisten. Dem-
gegenüber zeichnen sich Simulationsmodelle aus durch ihren nahezu
beliebig anpaßbaren Detaillierungsgrad, die Möglichkeit zur Darstellung nichtlinearer und auch indirekter funktionaler Abhängigkeiten sowie durch ihre Fähigkeit, nicht-monetäre Größen, z.B.
zur Quantifizierung der physischen Distributionsleistung, in die
Betrachtung einzubeziehen (vgl. LANZENDÖRFER 1973, S. 162 ff.;
WINKLER 1977, S. 131; TEMPELMEIER 1980, S. 100).

Nicht zuletzt aufgrund der bahnbrechenden Fortschritte auf dem
Gebiet der automatisierten Datenverarbeitung ist daher bei der
Analyse und Planung von Distributionssystemen den unter reali-
stischen Annahmen gestalteten Simulationsmodellen eindeutig der
Vorzug zu geben. Eine vergleichende Gegenüberstellung verschie-
dener bekannter Gesamtmodelle zur Distribution findet sich bei
MIDDELMANN (1978, S. 11). Im folgenden werden einige repräsen-

tative Vertreter dieser Gattung vorgestellt.

Erste Ansätze zur Dimensionierung von Distributionssystemen mittels Simulation finden sich schon früh bei SHYCON und MAFFEI (1960). Das Modell wird jedoch nicht detailliert vorgestellt und entzieht sich daher einer eingehenden Prüfung und Bewertung.

Einen detaillierten Ansatz zur Planung von Distributionssystemen beschreibt LANZENDÖRFER (1973, S. 162 ff.). Seine Bestrebungen gehen jedoch noch nicht dahin, ein praktikables Simulationsverfahren zur Bewältigung der hier relevanten Problemstellungen zu liefern. Vielmehr beschränkt er sich darauf, die generelle Eignung der Simulation im Vergleich mit heuristischen und analytischen Verfahren zu untersuchen. Seine Arbeiten können daher als wichtige Voraussetzung für die weitere Forschung auf diesem Gebiet angesehen werden.

Das Simulationsmodell von EISELE (1976) dient der Ermittlung einer optimalen Lieferstrategie auf der Basis einer stochastisch erzeugten, auf Prognosen basierenden Nachfrageverteilung mehrerer Produkte. Während die Lagerstruktur als von kurzfristigen Datenänderungen nicht beeinflußbar angesehen und damit als zu untersuchender Parameter ausgeklammert wird, stellt die Lieferstrategie einen nach Ablauf einer vorgegebenen Planungsperiode zu kontrollierenden und gegebenenfalls zu ändernden Aktionsparameter dar. Weiterhin ist zu Beginn eines jeden Monats eine Berechnung der Sicherheitsbestände notwendig. Neben seiner Hauptfunktion als Planungsinstrumentarium kann dieses Modell weiterhin als Informationssystem für die Fertigungsplanung dienen, da ausgehend von der Bestellhäufigkeit und der Bestellmenge eine Prognose über den zukünftigen Nachfrageverlauf erstellt wird.

EISELES Bestrebungen gehen damit über die hier betrachtete Aufgabenstellung, bei der Interdependenzen zwischen Produktion und Distribution nicht zu berücksichtigen sind, hinaus. Seine Beschränkung des abgebildeten Distributionssystems auf eine zweistufige Struktur stellt jedoch die prinzipielle Eignung des Verfahrens zur Planung von Distributionssystemen nicht in Frage. Zu diesem Modell ist anzumerken, daß der Anspruch, eine im strengen

Wortsinn 'optimale' Lösung zu ermitteln (EISELE 1976, S. 142), nicht sinnvoll aufrechterhalten werden kann, da ein Simulationsverfahren unter realistischen Bedingungen dazu nicht in der Lage ist. Der Einsatz des Modells bedingt einen hohen, regelmäßig wiederkehrenden Rechneraufwand, da die Lieferstrategie und die Sicherheitsbestände regelmäßig zu überprüfen sind (vgl. MIDDELMANN 1978, S. 11 ff.).

Das jüngste, den Stand der Forschung repräsentierende Simulationsverfahren zur ganzheitlichen Planung und Reorganisation wirtschaftlicher Distributionssysteme stellt das am Forschungsinstitut für Rationalisierung an der RWTH Aachen entwickelte und über einen längeren Zeitraum mehrfach erweiterte Modell PHYDIS dar (vgl. KUNZ 1976; HACKSTEIN, KUNZ 1977; MIDDELMANN 1978; BLANK 1980; BLANK, KUNZ, ROLLMANN 1981; ROLLMANN, KONEN 1981; KONEN 1982).

Es handelt sich hier um ein Mehrprodukt-Modell, in dem - basierend auf einem festgelegten Vergangenheits-Zeitraum - Warenströme zur Befriedigung realer Nachfragemengen in ihrem zeitlichen Ablauf nachvollzogen und kostenmäßig bewertet werden. Zur Erarbeitung der wirtschaftlichen Gestaltung eines Distributionssystems können Struktur und Strategie des abgebildeten Distributionssystems zweckentsprechend variiert werden.

Der zeitliche und mengenmäßige Nachfrageverlauf wird dabei aus den Fakturen des betrachteten Unternehmens gewonnen. Die reale Nachfrage an den verschiedenen geographischen Orten des betrachteten Gebietes - hier der Bundesrepublik Deutschland - wird verdichtet durch eine Unterteilung in Bezirke, die den dreistelligen Postleitbereichen entsprechen. Bei sorgfältiger Abwägung des Nutzens einer genaueren Abbildung gegenüber dem damit verbundenen modellmäßigen Aufwand erscheint eine differenziertere Abbildung der Nachfrageorte zur Berechnung der Transportentfernungen nicht notwendig. Von dieser Einteilung ausgehend können - basierend auf einem bestimmten Nachfrageverlauf, der durch Auswertung von Fakturen aus der Vergangenheit ermittelt wird - für vorgegebene Lagerstandorte in einem Iterationsverfahren wirtschaftliche Auslieferungsbezirke ermittelt werden. (vgl. BLANK 1980, S. 91 ff.).

Weiterhin kann bei einer realitätsgetreuen Abbildung der mengen- und entfernungsdegressiven Transportkosten bestimmt werden, welches - unter Wahrung der geforderten Sicherheitsbestände - die kostengünstigste Distributionsstrategie ist.

Da dieses Verfahren bereits mehrfach in der Praxis mit Erfolg eingesetzt wurde (vgl. dazu HACKSTEIN, KUNZ 1977; BLANK u.a. 1981; ROLLMANN, KONEN 1981; KONEN 1982), bestehen bezüglich seiner Leistungsfähigkeit und Realitätstreue keinerlei Zweifel.

So sehr dieses Simulationsverfahren geeignet ist, ein Distributionssystem strategisch-langfristig unter allen relevanten Aspekten zu analysieren, wirtschaftlich und kostengünstig zu gestalten und zu reorganisieren, kann es, wie auch die vorgenannten Modelle, dennoch folgenden Aufgabenstellungen nicht gerecht werden:

- Erstellung einer kurzfristig durchzuführenden Analyse eines Distributionssystems zur Beurteilung des möglichen Nutzens einer eventuell durchzuführenden Reorganisation.
- Realisierung einer permanenten oder auch periodisch durchzuführenden Wirtschaftlichkeitskontrolle eines Distributionssystems.

Als Hilfsmittel bei der Verfolgung der obigen Aufgabenstellungen bietet sich der Einsatz geeigneter Kennzahlen an, da diese bereits bei ähnlichen Problemstellungen in anderen Unternehmensbereichen, z.B. in der Finanzwirtschaft oder im Produktionsbereich, mit großem Erfolg angewendet werden. Insbesondere würde ihre Herleitung aus den Daten des betrieblichen Rechnungswesens eine wenig aufwendige Kontrolle der Wirtschaftlichkeit von Distributionssystemen ermöglichen.

Zunächst ist daher aufzuzeigen, inwieweit Kennzahlen geeignet sind, wirtschaftliche Zusammenhänge darzustellen und zu verfolgen, und in welchem Maße der Bereich der physischen Distribution im Rahmen der Kennzahlenforschung Berücksichtigung erfahren hat.

3.2   Kennzahlen und ihre Anwendung

3.2.1   Bedeutung der Kennzahlen für die Unternehmungsführung

Kennzahlen und Kennzahlensysteme dienen dem Unternehmer seit geraumer Zeit als Träger verdichteter Informationen über Aufbau, Ablauf und Tendenzen sowohl des innerbetrieblichen, als auch des außerbetrieblichen Geschehens. Sie ermöglichen es, die bei der Bewältigung der unternehmerischen Hauptaufgaben "Planung, Steuerung und Kontrolle" (REICHMANN, LACHNIT 1976, S. 705) erforderlichen Informationen in knapper, und dennoch aussagefähiger Form bereitzustellen. Allerdings beschränkt sich ihr Einfluß nicht allein auf eine vergangenheitsbezogene Abbildung des betrieblichen Geschehens als Grundlage für zukünftige Entscheidungen, vielmehr können sie selbst als zukunftsbezogene Richt- und Planzahlen dienen (KERN 1971, S. 702).

Besonders bewährt haben sich Kennzahlen und Kennzahlensysteme in der Praxis bei der Durchführung des zwischenbetrieblichen Vergleichs. Sie eröffnen hier die Möglichkeit, die wirtschaftlichen Tatbestände, Zusammenhänge und Beziehungen trotz der Komplexität der Unternehmungen in einer vergleichbaren Form abzubilden.

Die große Komplexität des Systems "Unternehmung" erlaubt es in der Regel nicht, alle entscheidungsrelevanten Tatbestände in einer einzelnen Kennzahl zu verdichten. So wird für die oben erwähnten Aufgaben eine Reihe von Kennzahlen benötigt, die, sofern sie in sachlich sinnvoller Beziehung zueinander stehen, in einem Kennzahlensystem zusammengefaßt werden können. Derartige Kennzahlensysteme sind für zahlreiche soziologische, volkswirtschaftliche und betriebswirtschaftliche Aufgabenstellungen entwickelt worden. Bei letzteren wird unterschieden zwischen gesamtbetrieblichen und teilbetrieblichen Kennzahlensystemen (vgl. NOWAK 1966, S. 709 f.).

Gesamtbetriebliche Kennzahlensysteme dienen der Beurteilung des Betriebes im Ganzen. Sie unterrichten die Unternehmungsführung in konzentrierter Form über entscheidungsrelevante Sachverhalte, wie z.B. Rentabilität, Liquidität, Erfolgsquellen oder Unterneh-

mungsstruktur. Die zu ihrer Ermittlung erforderlichen Daten
können meist vom betrieblichen Rechnungswesen zur Verfügung gestellt werden.

Als den bekanntesten Vertretern derartiger Systeme sei an dieser
Stelle auf die folgenden Kennzahlensysteme hingewiesen (vgl. auch
deren ausführliche Besprechungen bei STAEHLE 1969, S. 69 ff.;
KERN 1971, S. 712 ff.; MEYER 1976, S.101 ff und SCHOTT 1981, S.
287 ff.):
- "DuPont-System of Financial Control"
- "Pyramid Structure of Ratios" (INGHAM, HARRINGTON 1956)
- "Des ratios au tableau de bord" (LAUZEL, CIBERT 1959)
- "ZVEI-Kennzahlensystem" (ZVEI 1976)
- "Managerial Control Concept" (TUCKER 1961)
- "GS-Management-Kennzahlensystem III" (SCHOTT 1981)

Den vier erstgenannten Systemen liegt eine pyramidenförmige
Struktur zugrunde, die aus der Ableitung aller Kennzahlen aus
einer Spitzenkennzahl durch sukzessive Zerlegung resultiert.
Dabei wird besonderer Wert auf die geschlossene mathematische
Verknüpfung aller Kennzahlen gelegt. Die Betonung der formalen
rechentechnischen Geschlossenheit schränkt jedoch die Anpaßbar-
keit solcher Systeme an betriebsindividuelle Gegebenheiten zu
stark ein (vgl. SCHOTT 1981, S. 296; GROCHLA, FIETEN u.a. 1983,
S. 50 f.). Das "Managerial Control Concept" von TUCKER unterscheidet sich von diesen letztlich nur durch die Methode seiner
Herleitung, die von sog. Primärdaten ausgehend eine entsprechende
Verdichtung zu aussagekräftigen Kennzahlen vornimmt (vgl. KERN
1971, S. 714).

Nach LIEBIG "kommen diese Kennzahlensysteme ... lediglich für
eine globale Unternehmenssteuerung und -analyse in Frage, nicht
aber für Aufgaben, die außerhalb der Zielsetzung 'Rentabilität'
liegen und somit auch nicht für Aufgaben von Abteilungen und
Bereichen, die keine eigene Vermögens-, Kapital-, Aufwands- und
Ertragsrechnung haben" (1977, S. 76). (vgl. dazu auch MEYER 1976,
S. 29 f.)

Dieser Restriktion sowie der starren Monoziel-Ausrichtung der o.g. Systeme, die nicht zuletzt in der geschlossenen hierarchischen Struktur ihren Ausdruck findet, begegnet SCHOTT mit der "Entwicklung flexibler Systemstrukturen" innerhalb seines nur grob umrissenen "GS-Management-Kennzahlensystems III" (SCHOTT 1981, S. 296 ff.). Neben der Ausrichtung auf die drei Spitzenkennzahlen Produktivität, Rentabilität und Wirtschaftlichkeit deutet er eine weitere Unterteilung nach betrieblichen Teilbereichen an. Die Darstellung des Systems geht jedoch über eine Zusammenstellung denkbarer und sinnfälliger Zahlenkombinationen nicht hinaus (vgl. SCHOTT 1981, S. 127 ff.).

Den hier genannten Kennzahlensystemen ist gemein, daß es zu ihrem praktischen Einsatz stets einer Anpassung an unternehmensspezifische Besonderheiten bedarf, woraus sich zwangsläufig die Forderung nach der Schaffung unternehmenspezifisch angepaßter Kennzahlensysteme ergibt.(vgl. dazu auch MEYER 1976, S. 32; LIEBIG 1977, S. 76 und LACHNIT 1976, S. 21). Für eine spezifische Analyse und Reorganisation von Distributionssystemen sind diese Konzepte nicht geeignet.

<u>Teilbetriebliche</u> Kennzahlensysteme hingegen dienen der Beurteilung und Kontrolle der einzelnen Teilbereiche der Unternehmung, wie z.B. Beschaffung, Produktion und Absatz. Während zur gesamtbetrieblichen Betrachtung umfassende Darstellungen von Kennzahlen und Kennzahlensystemen existieren, sind die Ausführungen zu teilbetrieblichen Kennzahlen eher dürftig. "Aber gerade solche werden zur abteilungs- oder arbeitsplatzorientierten Steuerung benötigt" (MEYER 1976, S. 30).

Für den Bereich der Produktion wird ein bereichsspezifisches Kennzahlenssystem vorgestellt, das die - in diesem Bereich meist schon maschinenlesbar vorliegenden - umfangreichen Datenmengen EDV-gestützt auswertet und so für Aufgaben im Rahmen der Planung und Überwachung des Produktionsbereiches flexibel nutzbar macht (vgl. HACKSTEIN, MALUCHE 1980 ; MALUCHE 1979).

Für den Bereich der Materialwirtschaft zeigen GROCHLA, FIETEN u.a. (1983) einen flexiblen Ansatz auf, der jedoch keinen Bezug zum Distributionsbereich beinhaltet (vgl. dazu auch den Ansatz von BERG 1980).

Für den Bereich der Distribution liegt - als Diskussionsbeitrag - der Vorschlag eines Kennzahlensystems von BERG und MAUS vor (1980, S. 189 ff.), der auf die Steuerung der Distribution mit Hilfe von Kennzahlen abzielt. Ein weiterer, neuerer Vorschlag wird von REICHMANN und SCHOLL (1984) unterbreitet. Auf diese Ansätze wird später eingegangen. SCHOTT (1981, S. 152) weist darauf hin, daß der Bereich der Distribution im industriellen Rechnungswesen bezüglich der Kosten- und Leistungserfassung bis heute wenig beachtet wurde.

Der zweckorientierten Bildung von Kennzahlen und ihrem Einsatz im Rahmen der Analyse von Distributionssystemen seien hier einige grundlegende Betrachtungen zu Kennzahlen vorangestellt.

3.2.2 Abgrenzung des Kennzahlenbegriffs und Anforderungen an Kennzahlen

In der Literatur wird der Begriff der Kennzahl unterschiedlich weit gefaßt. SCHENK (1939, S. 2 f.) subsumiert unter Kennzahlen solche Zahlen, "in denen die für ein bestimmtes Erkenntnisziel wesentlichen Eigenschaften unmittelbar zum Ausdruck kommen." Diese Definition beinhaltet, daß neben Verhältniszahlen auch absolute Größen als Kennzahlen zugelassen sind.

Eine ähnliche Begriffsdefinition gibt NOWAK (1966, S. 703): Kenn- zahlen "können charakteristisiert werden als Zahlen, die sich auf wichtige betriebswirtschaftliche Tatbestände beziehen, diese in konzentrierter Form widerspiegeln und dadurch die Lage und Ent- wicklung von Betrieben (Unternehmungen) erkennen lassen".

Für WENDT (1974, S. 36) gilt der Ausdruck "Kennzahl" als Oberbe- griff für alle Zahlen im Sinne von Richtwerten, Sollzahlen, Signalzahlen usw.", die mindestens eine der folgenden Eigenschaf- ten besitzen:

- Kennzeichnung bestimmter Zustände oder Entwicklungen
- Repräsentanz (z.B. für Vergleichwerte)
- Komprimierung einer Aussage.

Den Begriffsbestimmungen von SCHENK, NOWAK und WENDT ist gemein, daß sie neben Verhältniszahlen auch absolute Zahlen als Kennzahlen gelten lassen, sofern ein bestimmter Erkenntniswert mit den Zahlenwerten verbunden ist. Begründet wird die Eingliederung der absoluten Zahlen unter den Begriff der Kennzahl damit, daß es, wie besonders der Bereich der Finanzwirtschaft zeigt, sehr wohl absolute Zahlen gibt, denen ein großer Erkenntniswert nicht abgesprochen werden kann, deshalb, weil der Betrachtende gleichsam aus seinem Gedächtnis heraus eine Relativierung vornimmt. (vgl. dazu auch STAEHLE, 1969, S. 1 und WISSENBACH, 1967, S. 29 ff.)

Andere Autoren, so der Betriebswirtschaftliche Ausschuß des Zentralverbandes der Elektrotechnischen Industrie e.V. (ZVEI) (1976, S. 105), vertreten die Ansicht, nur "Verhältniszahlen mit betriebswirtschaftlich sinnvoller Aussage über Unternehmungen und/-oder ihre Teile" seien als Kennzahlen anzusehen (vgl. dazu auch WISSENBACH 1967, S. 25; JOOST 1975, S. 14; LEMBCKE 1975, S. 638; SCHOTT 1981, S. 17 f.). Als Begründung wird angeführt, daß absolute Zahlenwerte lediglich einen Tatbestand quantifizieren, ihn jedoch nicht zu anderen Zahlenwerten in Beziehung setzen (vgl. WISSENBACH 1967, S. 33). Diesem steht jedoch die Praxis entgegen, die sehr wohl auch mit absoluten Zahlenwerten arbeitet (vgl. STAEHLE 1969, S. 49), was auch WISSENBACH (1967, S. 31) einräumen muß.

In der neueren Literatur werden beide Arten von Zahlenwerten als Kennzahlen betrachtet (vgl. GROCHLA, u.a. 1983, S. 46 ff.), wobei ausdrücklich darauf hingewiesen wird, daß "sich allerdings bei der Verwendung solcher Verhältniszahlen ... die Einbeziehung absoluter Zahlen oftmals als unumgänglich erweist" (a.a.o., S. 47 f.).

Der vorliegenden Arbeit soll ein weitergefaßter Begriffsinhalt, und zwar der von KORNDÖRFER (1976, S. 72), zugrundegelegt werden, dem sich die neuere Literatur im wesentlichen anschließt: "unter

betrieblichen Kennzahlen... versteht man empirische, betriebsindividuelle Zahlenwerte, die betriebswirtschaftlich relevante
Sachverhalte in Form absoluter Zahlen (Grundzahlen, Summen, Differenzen u.a.) oder als Verhältniszahlen (Gliederungszahlen,
Beziehungszahlen, Indexzahlen) darstellen und einen schnellen und
zuverlässigen Einblick in das betriebliche Geschehen ermöglichen." (vgl. u.a. NOWAK 1966, S. 703 f.; STAEHLE 1969, S. 50;
REICHMANN 1983 S. 2; GROCHLA, FIETEN, u.a., 1983, S. 46 f.)

Die Untersuchung eines komplexen Sachverhalts erfordert meist
mehrere Kennzahlen, die zu einem Kennzahlensystem zusammengefaßt
werden. Während mehrere Autoren (z.B. STAEHLE 1969, S. 227 und
INGHAM und HARRINGTON 1976, S. 221) neben der Forderung des
sachlogischen Zusammenhangs der Elemente eines Kennzahlensystems
auch die Notwendigkeit der mathematischen Verknüpfung betonen,
weist LACHNIT darauf hin, daß es "eine Vielzahl wichtiger be-
triebswirtschaftlicher Sachverhalte gibt, die sich sachlogisch in
Elemente aufspalten lassen, ohne daß man deren Beziehung zueinander quantifizieren könnte, die aber doch allein schon durch die
sachliche Aufspaltung transparent werden" (LACHNIT 1976, S. 221).

Kennzahlensysteme, deren Elemente "weder durch mathematisch ope-
rationalisierte noch auf anderem Wege logisch abgeleitete Beziehungen verbunden sind ..., sind zwar sehr flexibel, bergen aber
die Gefahr der Unsystematik" (BERG, MAUS 1980, S. 190). Bei
geschlossen mathematisch verknüpften Kennzahlensystemen besteht
andererseits die Gefahr eines zu strengen Formalismus, so daß
"das Modell ... Informationen liefert, die dem Informationsbedarf
der Entscheidungsrealität nicht gerecht werden" (a.a.o., S. 190)

Da die Forderung nach einer mathematischen Verknüpfung der einzelnen Kennzahlen eines Kennzahlensystems die Menge der zu gene-
rierenden - eine Aussage bezüglich der Struktur oder Strategie
eines Distributionssystems erlaubenden - Kennzahlen beträchtlich
einschränkt, kann ein derartiges Postulat nicht aufrechterhalten
werden. In Übereinstimmung mit der neueren Literatur wird daher
im Rahmen der Entwicklung des vorliegenden Verfahrens einzig auf
den sachlogischen Zusammenhang der Elemente des Systems abge-
stellt (vgl. REICHMANN, LACHNIT 1976, S. 707; MEYER 1976, S. 16;

REICHMANN 1983, S. 3; GROCHLA, u.a. 1983, S. 50 f.).

3.2.3 Einteilung der Kennzahlen

In der Literatur existiert eine Vielzahl von Kennzahlengliede-
rungen nach den unterschiedlichsten Gesichtspunkten. Ein Gesamt-
abriß bezüglich der unterschiedlichen Gliederungssystematiken
findet sich bei MEYER (1976, S. 13), der von MALUCHE und PITRA
(1976, S. 2-5) erweitert wurde. Wegen seiner Vollständigkeit sei
er hier in Tabelle 1 wiedergegeben.

Wegen der besonderen Relevanz für den im Rahmen dieser Arbeit
tangierten Aufgabenbereich sollen folgende Einteilungen näher
untersucht werden:

- Einteilung nach statistisch - methodischen Gesichtspunkten
- Einteilung nach quantitativer, inhaltlicher und zeitlicher
  Struktur.
- Einteilung nach betrieblichen Funktionen.

Darüberhinaus wird eine Einteilung nach der Aufgabe (vgl. JOOST
1975, S. 14; WISSENBACH 1967, S. 66) betrachtet.

Von der dieser Arbeit zugrundeliegenden weitgefaßten Definition
des Kennzahlenbegriffs ausgehend, lassen sich diese nach stati-
stisch-methodischen Gesichtspunkten wie folgt einteilen (vgl.
WISSENBACH, 1967, S. 44 f.; STAEHLE 1969, S. 53; WOLF 1977, S. 11
f.; SCHOTT 1981, S. 18; REICHMANN 1983, S. 2; GROCHLA, FIETEN,
u.a. 1983, S. 47 f.):

- absolute Zahlen
    - Grundzahlen oder Einzelzahlen
    - Summen
    - Differenzen
    - Mittelwerte
- Verhältnis- oder Relativzahlen
    - Gliederungszahlen
    - Beziehungszahlen (Entsprechungs- oder Verursachungszahlen)
    - Meßzahlen und Indexzahlen.

<table>
<tr>
<td rowspan="2">SYSTEMATISIERUNGS-
MERKMAL</td>
<td colspan="12">ARTEN BETRIEBSWIRTSCHAFTLICHER
KENNZAHLEN</td>
<td rowspan="2">QUELLE
(Beispiel)</td>
</tr>
<tr>
<td colspan="12"></td>
</tr>
<tr>
<td rowspan="2">betriebliche
Funktionen</td>
<td colspan="12">Kennzahlen aus dem Bereich</td>
<td rowspan="2">MEYER
1976, S. 61 ff</td>
</tr>
<tr>
<td colspan="2">Beschaf-
fung</td>
<td colspan="2">Lager-
wirt-
schaft</td>
<td colspan="2">Produk-
tion</td>
<td colspan="2">Absatz</td>
<td colspan="2">Personal-
wirt-
schaft</td>
<td colspan="2">Finanz-
wirtsch.,
Jahres-
abschluss</td>
</tr>
<tr>
<td>quantitative
Struktur</td>
<td colspan="6">Gesamtgrössen</td>
<td colspan="6">Teilgrössen</td>
<td>MEYER
1976, S. 14</td>
</tr>
<tr>
<td>zeitliche
Struktur</td>
<td colspan="4">Zeitpunktbezogen</td>
<td colspan="4">Intervallbezogen</td>
<td colspan="4">Kontinuierlich</td>
<td>SCHOTT
1970, S. 21 f</td>
</tr>
<tr>
<td>inhaltliche
Struktur</td>
<td colspan="6">Wertgrössen</td>
<td colspan="6">Mengengrössen</td>
<td>MEYER
1976, S. 14 f</td>
</tr>
<tr>
<td rowspan="2">Quellen im
Rechnungs-
wesen</td>
<td colspan="12">Kennzahlen aus der</td>
<td rowspan="2">ANTOINE
1958, S. 30</td>
</tr>
<tr>
<td colspan="3">Bilanz</td>
<td colspan="3">Buchhaltung</td>
<td colspan="3">Aufwands-,
Ertrags- und
Kostenrechnung</td>
<td colspan="3">Statistik</td>
</tr>
<tr>
<td rowspan="2">Erkenntniswert</td>
<td colspan="12">Kennzahlen mit</td>
<td rowspan="2">MEYER
1976, S. 48 f</td>
</tr>
<tr>
<td colspan="6">selbstständigem
Erkenntniswert</td>
<td colspan="6">unselbstständigem
Erkenntniswert</td>
</tr>
<tr>
<td>Gebiet der
Aussage</td>
<td colspan="6">gesamtbetriebliche
Kennzahlen</td>
<td colspan="6">teilbetriebliche
Kennzahlen</td>
<td>NOWAK
1966, S. 710 ff</td>
</tr>
<tr>
<td>Planungs-
gesichtspunkte</td>
<td colspan="6">Soll-Kennzahlen
(zukunftsorientiert)</td>
<td colspan="6">Ist-Kennzahlen
(vergangenheitsorientiert)</td>
<td>WOLF
1977, S. 27</td>
</tr>
<tr>
<td>Zahl der
beteiligten
Unternehmungen</td>
<td colspan="4">unternehmungs-
bezogene
Kennzahlen</td>
<td colspan="4">branchen-
spezifische
Kennzahlen</td>
<td colspan="4">branchen-
neutrale
Kennzahlen</td>
<td>RADKE
1970, S. 854</td>
</tr>
<tr>
<td>Umfang der
Ermittlung</td>
<td colspan="6">Standard-
Kennzahlen</td>
<td colspan="6">betriebsindividuelle
Kennzahlen</td>
<td>MEYER
1976, S. 26</td>
</tr>
<tr>
<td rowspan="2">elementare
Produktions-
faktoren</td>
<td colspan="9">Kennzahlen der Faktoren</td>
<td colspan="3" rowspan="2">Kennzahlen
für die
Faktoren-
kombination</td>
<td rowspan="2">WOLF
1977, S. 12 f</td>
</tr>
<tr>
<td colspan="3">menschl.
Arbeits-
kraft</td>
<td colspan="3">Werk-
stoffe</td>
<td colspan="3">Betriebs-
mittel</td>
</tr>
<tr>
<td>Zweck-
setzung</td>
<td colspan="6">Übersichts-
kennzahlen</td>
<td colspan="6">Vergleichs-
kennzahlen</td>
<td>WISSENBACH
1967, S. 66 f</td>
</tr>
<tr>
<td>Elemente des
ökonomischen
Prinzips</td>
<td colspan="3">Einsatz-
werte</td>
<td colspan="3">Ergebnis-
werte</td>
<td colspan="6">Masstäbe aus Beziehungen
zwischen Einsatz-
und Ergebniswerten</td>
<td>VODRAZKA
1967, S. 29 ff</td>
</tr>
</table>

Tab. 1: Übersicht möglicher Systematisierungen von betriebs-
wirtschaftlichen Kennzahlen (MALUCHE, PITRA 1978, S. 2-5)

Die Einteilung der absoluten Zahlen bedarf keiner weiteren Erklärung. Die Darstellung einiger Beispiele zu den absoluten Zahlen verdeutlicht, wie wenig sinnvoll eine Ausklammerung dieser Zahlen aus der Kategorie der Kennzahlen wäre:

- Grundzahlen (z.B. Umsatz einer Periode, Bestellmenge)
- Summen (z.B. Bilanzsumme, Jahresumsatz)
- Differenzen (z.B. working capital als Differenz zwischen dem Umlaufvermögen und den kurzfristigen Verbindlichkeiten)
- Mittelwerte (z.B. durchschnittlicher Lagerbestand einer Periode).

Den Verhältnis- oder Relativzahlen ist gemein, daß sie den Quotienten zweier Merkmalsausprägungen widergeben. Das maßgebliche Unterscheidungskriterium bei diesen Zahlen ist die Beziehung zwischen Zähler und Nenner, d.h. die "Unterschiedlichkeit der betrachteten Massen" (vgl. SCHARNBACHER 1975, S. 85).

Bei den Gliederungszahlen werden Teilmassen einer übergeordneten Gesamtmasse gegenübergestellt, der entstehende Quotient besitzt keine Dimension. Der besseren Anschaulichkeit und Vergleichbarkeit wegen wird die Gesamtmasse oftmals gleich 100 gesetzt, so daß die Gliederungszahlen den prozentualen Anteil der Teilmassen an der Gesamtmasse angeben. Sollen derartige Größen zu einem Vergleich herangezogen werden, so ist die Kenntnis der Grundgrößen unerläßlich, da ansonsten nicht entschieden werden kann, ob eine Veränderung aufgrund einer Variation des Zählers oder des Nenners hervorgerufen wurde.

"Bei den Beziehungszahlen werden ebenso wie bei den Gliederungszahlen Massen zueinander ins Verhältnis gesetzt. Es handelt sich hier jedoch nicht um Teilmassen und Gesamtmassen, sondern um die Beziehung von unterschiedlichen Massen zueinander, deren Zusammenhänge ergründet werden sollen" (SCHARNBACHER 1975, S. 86). Je nach Art dieser Zusammenhänge zwischen den zusammengestellten Massen, können die Beziehungszahlen unterteilt werden in Verursachungszahlen und Entsprechungszahlen.

Bei den Verursachungszahlen ist stets eine kausale Verknüpfung der zueinander in Beziehung gesetzten Größen gegeben; bei den Entsprechungszahlen kann diese Verbindung fehlen, d.h. es können

völlig verschiedene Grundgesamtheiten betrachtet werden, z.B.
Anzahl der Kfz/Anzahl der Einwohner eines Staates. Eine Kennzahl
wird als Meßzahl bezeichnet, wenn gleichartige Grundgesamtheiten
gegenübergestellt werden, die sich zu einer Gesamtmasse zusammen-
fassen lassen. Dabei wird die Entwicklung eines Merkmals, bezogen
auf einen festen Zeitpunkt, über mehrere Zeitpunkte hinweg untersucht. Obwohl die Wahl des Bezugspunktes frei ist, entscheidet
seine Wahl jedoch über das Niveau der Entwicklung.

Im Gegensatz zu den Meßzahlen, die die Entwicklung eines Merkmals
beschreiben, kann mit Hilfe der Indexzahlen die Entwicklung einer
sinnvollen Menge von Einzelmerkmalen beschrieben werden. SCHARN-
BACHER (1975, S. 93) definiert die Indexzahlen wie folgt:

"Indexzahlen sind eng verwandt mit den Meßzahlen; sie werden im
Gegensatz zu diesen jedoch dort angewandt, wo eine Vielzahl von
Reihen bzw. Reihenwerten mit einem einzigen Maßausdruck charakte-
risiert werden sollen. Dadurch können Unterschiede bzw. Gleich-
artigkeiten zwischen Gruppen von Daten herausgearbeitet werden".
Beispielhaft sei hier auf den Index der Lebenshaltungskosten
verwiesen, welcher regelmäßig vom Statistischen Bundesamt erhoben
und veröffentlicht wird. (STATISTISCHES JAHRBUCH für die Bundesrepublik Deutschland 1982, S. 506 ff.). Die hiermit gegebene
Übersicht verdeutlicht die vielseitigen Bildungsmöglichkeiten von
Kennzahlen.

Eine systematisierende Einteilung der Kennzahlen nach quanti-
tativen, inhaltlichen und zeitlichen Strukturmerkmalen findet
sich bei MEYER (1976, S. 36 ff.). Als quantitative Strukturmerkmale nennt er Gesamtgröße und Teilgröße; Strukturmerkmale inhaltlicher Art sind Mengengrößen und Wertgrößen, während sich nach
der zeitlichen Struktur Zeitpunktgrößen und Zeitraumgrößen unterscheiden lassen. Innerhalb jeder einzelnen Strukturkategorie kann
eine beliebige Quotientenbildung aus den einzelnen Elementen der
jeweiligen Kategorie erfolgen.

Diese Kriterien eignen sich zu einer Charakterisierung von Kennzahlen und leisten so einen Beitrag zur Systematisierung von
Kennzahlensystemen (vgl. a.a.O., S. 15) Ihre Bedeutung zeigt sich

bei einer eher formal orientierten Erkenntnisgewinnung bzgl. der Aussagefähigkeit von Kennzahlenbildungen, auf die jedoch im Rahmen dieser Arbeit nicht eingegangen werden kann (vgl. a.a.O., S. 50 ff.).

Eine Einteilung der Kennzahlen nach der Aufgabe findet sich bei JOOST (1975, S. 16). Danach sind Aufgaben von Kennzahlen :
 - die übersichtliche Gestaltung des Datenmaterials (Ist- und Sollgrößen)
 - der zeitliche und/oder zwischenbetriebliche Vergleich
 - die Elimination von Störfaktoren.

Während WISSENBACH (1967, S. 58) neben den drei oben angeführten Aufgaben auch die Planung in das Aufgabenspektrum betrieblicher Kennzahlen einbezieht, soll an dieser Stelle zusätzlich auf die Bedeutung der Kennzahlen für die Steuerung gewisser Unternehmensbereiche hingewiesen werden. So werden beispielsweise die Verkaufsaktivitäten einer Unternehmung in der Regel durch verschiedene Umsatzkennzahlen dargestellt und letztlich durch den Vergleich mit vorgegebenen Sollgrößen kontrolliert. Die Nicht-Erreichung dieser Sollgrößen führt zu Steuerungsaktivitäten zum Zwecke eines höheren Zielerreichungsgrades. In diesem Fall kann die Aufgabe der eingesetzten Kennzahlen nicht in einer alleinigen Kontrollfunktion gesehen werden, vielmehr dienen sie auch als Entscheidungsgrundlage für durchzuführende Steuerungsaktivitäten.

Ein in diesem Sinne umfassendes Aufgabenspektrum ordnet STAEHLE (1969, S. 59) den Kennzahlen zu. Demnach stellen sie Hilfsmittel des Managements bei der
 - Analyse des Betriebes bzw. der Unternehmung
 - Planung des Betriebsgeschehens
 - Steuerung des Betriebsablaufs
 - Kontrolle des Betriebsergebnisses
dar. Dieses weit gefaßte Aufgabenfeld soll auch für das weitere Vorgehen im Rahmen dieser Arbeit zugrundegelegt werden, wobei darauf hingewiesen wird, daß unter der Aufgabe der Planung insbesondere strategisch-langfristige Planungsaspekte zu berücksichtigen sind.

Eine Einteilung der Kennzahlen nach den verschiedenen Aufgaben erscheint jedoch eher theoretischer Natur, da eine aufgabenorientierte Gestaltung von zweckmäßigen Kennzahlen diese impliziert. Sie verdeutlicht hingegen die umfassende Einsetzbarkeit von Kennzahlen.

Eine weitere Möglichkeit zur Einteilung betrieblicher Kennzahlen besteht darin, sie auf die <u>Funktionen des betrieblichen Geschehens</u> abzustellen. MEYER (1976, S. 23) unterscheidet beispielhaft folgende betrieblichen Funktionen:
- Beschaffung
- Lagerwirtschaft
- Produktion
- Absatz
- Personalwirtschaft
- Finanzwirtschaft, Jahresabschluß.

Eine Einteilung der Kennzahlen nach betrieblichen Funktionen birgt die Gefahr der Vernachlässigung der Schnittstellen zwischen Funktionsbereichen, ist aber aus Gründen der Übersichtlichkeit und Praktikabilität als sinnvoll anzusehen. Im Bereich der hier betrachteten Konsumgüter- und technischen Verbrauchsgüterindustrie stellt die Distribution eine abgrenzbare Teilfunktion des Absatzes dar.

Der Forschungsstand bezüglich einsatzfähiger Kennzahlensysteme ist in den genannten Bereichen von sehr unterschiedlichem Niveau. Während Finanzwirtschaft und Jahresabschluß durch eine intensive kennzahlenmäßige Durchdringung gekennzeichnet sind, existieren für den Bereich der Distribution lediglich Ansätze einer Kennzahlensystematik, wie später aufgezeigt wird.

Insgesamt ist den verschiedenen Einteilungen von Kennzahlen eine systematisierende Bedeutung beizumessen, die bei der abschließenden Gestaltung von Kennzahlensystemen die Berücksichtigung formaler Erkenntnisse gestattet.

3.2.4 Bildung von Kennzahlen

Die Bildung von Kennzahlen zielt darauf ab, einen zu untersuchenden Tatbestand durch quantifizierte Informationen zu charakterisieren und übersichtlich zu gestalten. Zur Kennzahlenbildung
gehören die Problemkeise:

- Quantifizierbarkeit als Voraussetzung
- Erfassung der Problemstellung
- Auswahl der Kennzahlen und ihrer Komponenten
- Ermittlung der Kennzahlen

Die drei erstgenannten Fragenkomplexe betreffen die Konstruktion,
der letzte die Größenermittlung von Kennzahlen (vgl. WISSENBACH
1967, S. 72 ff.). Voraussetzung für die Bildung von Kennzahlen
ist eine Problemstellung, die durch eine quantitative Erfassung
von Objekten und Ereignissen beantwortet werden kann. Quantifizierbar ist nach WISSENBACH (1967, S. 73) eine Erscheinung (Ob-
jekt oder Ereignis) dann, wenn es gelingt, für ihre Kennzeichnung
Einheiten zu definieren, diese zu erheben und die Anzahl der
Einheiten in einer Zahl auszudrücken.

MEYER (1976, S. 28 ff.) führt über die Quantifizierbarkeit der
Information hinaus noch ihre qualitativen Eigenschaften - Zweck-
eignung, Genauigkeit, Aktualität und Kosten-Nutzen-Relation - als
Auswahlkriterien an.

Ein wichtiges Problem bei der Kennzahlenbildung stellt die klare
und eindeutige Definition der Fragestellung dar, an der die
Auswahl der Kennzahlen auszurichten ist. Im allgemeinen kommen
Fragestellungen unterschiedlichster Art in Betracht, die durch
Kennzahlen beantwortet werden können. In der Literatur werden
vornehmlich solche Ausgangsfragen behandelt, die sich aus dem
aktuellen Geschehen innerhalb einer Unternehmung ergeben. Hervor-
zuheben ist an dieser Stelle, daß schon bei der Definition der
Fragestellung eine Untersuchung notwendig ist, im Rahmen derer
alle, für die Lösung des Problems relevanten, Einflußgrößen ermittelt und bestehende Interdependenzen formuliert werden, denn
nur bei genauer Kenntnis des Beziehungsgefüges in dem zu betrachtenden System können die im nachhinein zu ermittelnden Kenn-

zahlen richtig interpretiert werden (vgl. dazu auch HEINEN 1970, S. 5 ff.).

Auch für die Auswahl der Komponenten der Kennzahlen ist die Ausgangsfrage bestimmend. Während die absoluten Zahlen aus nur einer Komponente bestehen, müssen bei den Verhältniszahlen Zähler- und Nennergrößen sinnvoll zueinander in Beziehung gesetzt werden. Entsprechend der Aufgabenstellung:
 - Übersicht und Vergleich
 - Elimination von Störfaktoren
sind unterschiedliche Überlegungen für die Auswahl der Kennzahlenkomponenten anzustellen. Im ersten Fall "tritt der zu messende Wert in den Zähler, der als Maß dienende in den Nenner. ... Die Zählergröße wird ...an einer anderen gemessen, d.h. in Einheiten dieser letzteren ausgedrückt, jedoch beherrscht die Zählergröße die Kennzahl ganz eindeutig" (WISSENBACH 1967, S. 75; vgl. dazu auch BÜRKLER 1977, S. 9). Im anderen Fall gilt, "daß der Zähler aus den Größen zu bilden ist, die isoliert werden sollen. Zur Nennergröße werden Werte, deren Einfluß man eliminieren will. Damit man zu einigermaßen sinnvollen Ergebnissen gelangt, ist es notwendig, als Bezugsgrundlage (=Nenner) eine Größe zu finden, die sich zu dem auszuschaltenden Ursachenkomplex homogen linear verhält" (WISSENBACH 1967, S. 80 f.).

Zur Ermittlung der eigentlichen Werte der zuvor definierten Kennzahlen werden in der Literatur die primäre und die sekundäre Zahlengewinnung genannt. Erstere ist dadurch gekennzeichnet, daß eigens zu der gerade zu lösenden Aufgabe Sondererhebungen und Untersuchungen durchgeführt werden, während letztere auf vorhandenes Datenmaterial, sei es nun innerbetriebliches oder außerbetriebliches, u.U. käuflich erworbenes, zurückgreift. Ist die Art der Informationsgewinnung nicht durch die Aufgabenstellung bereits determiniert, so erfolgt die Entscheidung für die eine oder andere Methode durch Abwägung des Erkenntniswertes einer Information und der Kosten der Informationsbeschaffung.

Für den betrieblichen Teilbereich der Distribution ist es in der Regel notwendig, sowohl auf innerbetriebliches Datenmaterial, insbesondere auf solches aus dem betrieblichen Rechnungswesen,

als auch auf außerbetriebliche Daten, z.B. Frachttarif-Verzeich-
nisse, zurückzugreifen. Desweiteren sind zur Aufbereitung dieses
Datenmaterials ggfs. zusätzliche Erhebungen und Nachkalkulationen, erforderlich.

Da einzelne, nebeneinandergestellte Kennzahlen nur sehr unzureichend in der Lage sind, einen komplexen Sachverhalt abzubilden,
ist bei der Generierung dieser Zahlen darauf zu achten, daß diese
unter Kenntnis der qualitativen Beziehungen zu einem Gesamtsystem
zusammengefaßt werden können.

3.2.5 Bereits vorhandene Kennzahlen und Kennzahlensysteme aus dem Bereich der Distribution

Folgende Übersicht möge die zur Kennzeichnung eines Distributionssystems am häufigsten benutzten Kennzahlen vermitteln.

Kennzahlen zur Umsatzbeurteilung und zum Gesamtsystem
(ME = Mengeneinheiten, ZE = Zeiteinheiten)

1) $\text{Umsatzstruktur} = \dfrac{\text{Umsatzerlöse (einer Teilgruppe)}}{\text{gesamte Umsatzerlöse}}$ $[-]$

(REICHMANN/LACHNIT 1976, S. 712)

2) $\text{Umsatzergiebigkeit} = \dfrac{\text{Gesamtgewinn}}{\text{Umsatzerlös}}$ $[-]$

3) $\text{Umsatz je Kunde} = \dfrac{\text{gesamte Umsatzerlöse}}{\text{Anzahl der Kunden}}$ $\left[\dfrac{\text{DM}}{\text{Kunde}}\right]$

4) $\text{Distributionskostenanteil am Umsatz} = \dfrac{\text{gesamte Distributionskosten}}{\text{gesamter Umsatzerlös}}$

(HESSENMÜLLER 1962, S. 85) $[-]$

Kennzahlen zum Subsystem Lager

5) $\text{durchschnittlicher Lagerbestand} = \dfrac{\text{Anfangs- + Endbestand}}{2}$ $[\text{ME}]$

(KEDZIERSKI 1973, S. 267; BERG, MAUS 1980, S. 197)

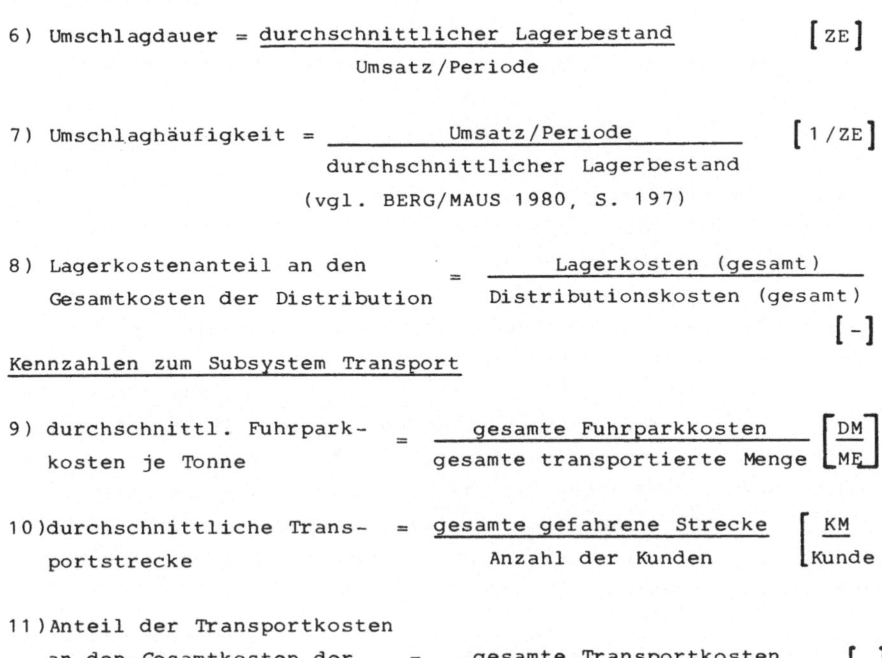

6) Umschlagdauer = $\dfrac{\text{durchschnittlicher Lagerbestand}}{\text{Umsatz/Periode}}$ $\quad[\text{ZE}]$

7) Umschlaghäufigkeit = $\dfrac{\text{Umsatz/Periode}}{\text{durchschnittlicher Lagerbestand}}$ $\quad[1/\text{ZE}]$

(vgl. BERG/MAUS 1980, S. 197)

8) Lagerkostenanteil an den Gesamtkosten der Distribution $= \dfrac{\text{Lagerkosten (gesamt)}}{\text{Distributionskosten (gesamt)}}$ $\quad[-]$

<u>Kennzahlen zum Subsystem Transport</u>

9) durchschnittl. Fuhrparkkosten je Tonne $= \dfrac{\text{gesamte Fuhrparkkosten}}{\text{gesamte transportierte Menge}}$ $\left[\dfrac{\text{DM}}{\text{ME}}\right]$

10) durchschnittliche Transportstrecke $= \dfrac{\text{gesamte gefahrene Strecke}}{\text{Anzahl der Kunden}}$ $\left[\dfrac{\text{KM}}{\text{Kunde}}\right]$

11) Anteil der Transportkosten an den Gesamtkosten der Distribution $= \dfrac{\text{gesamte Transportkosten}}{\text{gesamte Distributionskosten}}$ $\quad[-]$

Die meisten Bemühungen einer kennzahlenmäßigen Erfassung sowohl der Kosten-, als auch der Leistungsseite des Bereiches Distribution sind bisher über die Auflistung solcher mehr oder weniger zusammenhanglos nebeneinanderstehender Einzelkennzahlen nicht hinausgekommen (vgl. BERG, MAUS 1980, S. 190). Dies verwundert nicht, da diese Bemühungen selten zielorientiert durchgeführt wurden, d.h. die mangelnde Zweckbestimmung der bereitgestellten Kennzahlen führte dazu, daß diese allenfalls zur Deskription, von in der Vergangenheit abgeschlossenen Abläufen dienen können. Darüberhinaus ist für den Bereich Logistik und damit auch für die Distribution festzustellen, daß "die für ein Kennzahlensystem notwendigen Kosten- und Leistungsdaten nur unzulänglich aus dem Zahlenmaterial des traditionellen Rechnungswesens zu entnehmen sind" (a.a.O., S. 190).

Als neuere Arbeiten sind darüberhinaus die von BERG und MAUS (a.a.O, S. 189 ff.) bzw. von REICHMANN/SCHOLL (1984) entwickelten Vorschläge von Kennzahlensystemen für die Logistik zu erwähnen.

Erstere kann als die erste Aufstellung von Kennzahlen aus dem Bereich der Distribution angesehen werden, die als Kennzahlensystem bezeichnet werden kann, da hier ein sachlogischer Zusammenhang zwischen den Einzelgrößen besteht. In seiner praktischen Anwendung scheitert er an der mangelnden logistischen Orientierung der praktizierten Kostenrechnungsverfahren. So werden im Rahmen der Betriebsabrechnung und Kalkulation meist nur Verwaltungs- und Vertriebskosten in Form von Zuschlägen auf der Basis der Herstellkosten ermittelt (vgl. WÖHE 1976, S. 385; BACK 1982, S. 6). Dieses Informationssystem mag, sofern die zur Zeit noch bestehenden Schwierigkeiten der Datenerhebung behoben sein werden (vgl. BERG, MAUS 1980, S. 197), sicherlich geeignet sein, Entscheidungshilfen für die Steuerung, insbesondere die laufende Kontrolle des Kosten-Leistungsverhältnisses des Distributionssystems zu liefern.

Der nur beispielhaft skizzierte Ansatz eines Kennzahlensystem von REICHMANN und SCHOLL weist ebenfalls diesen sachlogischen Zusammenhang auf und dient vornehmlich der "Effizienzmessung und Steuerung logistischer Tätigkeiten" (1984, S. VI/3). Eine verursachungsgerechte Kostenzuordnung mit dem für eine langfristige Planung notwendigen Detaillierungsgrad wird jedoch nicht vorgenommen.

Für eine strategisch-langfristige Planung hingegen vermögen beide Systeme jedoch keine Hilfestellung zu leisten. Es bleibt festzustellen, daß im Bereich der Distribution nur vereinzelte Ansätze zur Kennzahlenbildung existieren. Sie entbehren einer strategischen Orientierung und scheitern in ihrem Bemühen, in diesem Bereich eine größere Kosten- und Leistungstransparenz zu erreichen, letztlich an der Gestaltung der derzeit in der Praxis meist üblichen Kostenrechnungssysteme (vgl. BERG, MAUS 1980, S. 197), die als zwar leicht verfügbare Informationsquellen jedoch keine hinreichende Datenbasis für logistisch orientierte Zwecke bietet.

Als Anforderungen an Kennzahlenbildungen werden im Rahmen dieser Arbeit primär die Notwendigkeit des sachlogischen Zusammenhangs von Kennzahlen, die Berücksichtung ihrer Zweckeignung und die Beachtung der Aktualität der Daten angesehen. Die sicherlich notwendige Kosten-Nutzen-Relation bedarf bei jedem praktischen Anwendungsfall einer erneuten Untersuchung und kann daher nicht allgemeingültig beantwortet werden.

Die Konzeption eines Verfahren zur Analyse und Reorganisation von Distributionssystemen erfordert zunächst eine eingehende systematisierende Analyse aller für das Problemfeld relevanten Einflußgrößen und ihrer Interdependenzen. Diese im folgenden dargestellte Analyse erfüllt so gleichzeitig eine wichtige Voraussetzung für die Bildung und Interpretation von Kennzahlen, die genaue Kenntnis des Beziehungsgefüges des betrachteten Bereichs.

4. Beschreibung und Analyse des Entscheidungsfeldes Distribution

4.1 Aufbau von Distributionssystemen

Distributionssysteme stellen das Bindeglied dar zwischen der Produktion und dem Absatzmarkt, d.h. durch die zielgerichteten, koordinierten Aktivitäten innerhalb eines Distributionssystems werden die produzierten Güter nach ihrer Fertigstellung dem Absatzmarkt zugeführt. Im folgenden wird von einer großräumigen Begrenzung des jeweiligen Absatzmarktes ausgegangen, wie sie z.B. durch das Staatsgebiet der Bundesrepublik Deutschland gegeben ist. Eine Ausdehnung der folgenden Betrachtungen auf internationale Gegebenheiten ist prinzipiell möglich.

Ein Absatzmarkt konstituiert sich durch die Kunden, d.h. die Abnehmer der Ware. Im Rahmen dieser Arbeit wird nicht weiter unterschieden, ob es sich bei den Kunden um Endverbraucher oder wiederum um Absatzmittler handelt, da dies für diesen Problemkreis und insbesondere für das hier vorgestellte Verfahren unerheblich ist.

4.1.1 Aufgabe von Distributionssystemen

Die Distribution hat die Aufgabe, "die richtige Menge der richtigen Warenart zum richtigen Zeitpunkt am Ort der Nachfrage verfügbar zu haben - und das zu möglichst geringen Kosten -" (KLEE, WENDT 1971, S. 7; vgl. PFOHL 1972, S. 29). In der Einbindung zwischen Produktion und Absatzmärkten ist die Distribution als offenes System anzusehen. Den Input des Systems stellt der Ausstoß der Produktion dar, während der Output des Systems wiederum den Input der Absatzmärkte (oder auch der Absatzmittler) darstellt. Diese systemtheoretische Betrachtungsweise ermöglicht eine klare Abgrenzung des betrachteten Systems, die Strukturierung dieses Systems bezüglich seiner Elemente und deren Beziehungen untereinander, sowie die Abgrenzung relevanter Schnittstellen des Systems zu seiner Umwelt (vgl. KUNZ 1976, S. 10 ff.; WINKLER 1977, S. 5 f.).

Da Nachfrage und Produktionsausstoß nicht a priori vollständig aufeinander abgestimmt sind - weder räumlich, noch zeitlich, noch mengenmäßig, noch vom Sortiment her -, muß ein Distributionssystem eine Reihe von Ausgleichsfunktionen erfüllen: (vgl. KUNZ 1976, S. 12 f.)

- Raumausgleich -
Die Fertigwaren-Distribution hat in der Regel Märkte zu bedienen, die sich flächig über ein ausgedehntes Gebiet erstrecken, z.B. das der Bundesrepublik Deutschland. In der Regel sind damit Produktionsstätte und Ort der Nachfrage räumlich getrennt. Transportmittel besorgen den räumlichen Ausgleich.

- Zeitausgleich -
Ebenso unterscheiden sich die Zeitpunkte von Nachfrage und Produktion. Zum einen ist die Nachfrage nach Zeitpunkt und Höhe nicht vorherbestimmbar, zum anderen benötigt die Produktion eine gewisse Zeitspanne zur Fertigstellung und sie produziert - aus wirtschaftlichen, produktionstechnischen oder produktivitätsbezogenen Gründen - in gewissen Losgrößen. Die zeitliche Diskrepanz beider Verläufe muß daher im wesentlichen durch eine Lagerung ausgeglichen werden, da die Zeit, die während des Transports zum räumlichen Ausgleich benötigt wird, nicht primär einem Zeitausgleich dient (vgl. WINKLER 1977, S. 10).

- Mengenausgleich -
Die Notwendigkeit einer Massenproduktion großer Mengen eines Produktes in wirtschaftlichen Losgrößen bedingt die Vereinzelung der produzierten Lose auf die Mengen, die vom Absatzmarkt nachgefragt werden. Dieser Mengenausgleich wird meist am Lagerort vorgenommen.

- Sortimentsausgleich -
Bei mehreren Produkten und ebenso mehreren räumlich getrennten Produktionsstätten müssen für eine Kundenlieferung gegebenenfalls Produkte aus der gesamten Sortimentsbreite zusammengestellt werden. Diese Zusammenführung der Sortimente wird in der Regel ebenfalls in den Lägern vollzogen.

Der so vorgenommene Warenaustausch über Transporte und Läger bedingt einen entprechenden Informationsfluß. Der zur Steuerung dieser Warenströme notwendige Informationsfluß wird vom Bereich der Auftragsabwicklung gewährleistet.

4.1.2 Elemente von Distributionssystemen

Als Elemente eines Distributionssystems stellen sich somit
- das Lager,
- der Transport und
- die Auftragsabwicklung
dar. Sie sind als Träger der Funktionen eines Distributionssystems anzusehen (vgl. BLANK 1980, S. 24). In Abhängigkeit von der zu erbringenden Leistung und der Art der Leistungserbringung werden in diesen betrieblichen Teilbereichen Distributionskosten verursacht.

Lager

Die Aufgabe von Lägern besteht prinzipiell in der Aufnahme von Produkten aus der Produktion - oder einer entsprechenden Bezugsquelle - in größeren Mengeneinheiten, der zeitlich ausgedehnten Lagerung und der zeitlich differenzierten Abgabe an den Absatzmarkt - oder auch ein nachgeordnetes Lager - in kleineren Mengeneinheiten. Die Erfüllung dieser Aufgabe läßt sich gliedern in die Teilfunktionen Warenannahme, lagerinterner Transport, Lagerung, Kommissionierung und Warenausgang. Die Warenannahme beinhaltet das Entladen vom anliefernden Transportmittel und die Prüfung auf Vollständigkeit und Unversehrtheit. Der lagerinterne Transport führt die Ware zunächst der Lagerung, danach auch allen weiteren Funktionsbereichen zu. Die Kommissionierung besorgt die Vereinzelung der Ware zu der von den Kunden gewünschten Mengen und die Zusammenstellung der verschiedenen Produkte zu einem Auftrag. Der Warenausgang schließlich betrifft die Bereitstellung aufgrund eines Lieferauftrages, die abschließende Kontrolle und die Beladung des Transportmittels. Läger dienen damit dem Zeit-, Mengen- und Sortimentsausgleich (vgl. dazu auch MIEBACH 1971, S. 2).

Läger unterscheiden sich nach ihrer räumlich-geographischen Anordnung bezüglich des Absatzmarktes und nach ihrer hierarchischen

Einordnung innerhalb der Struktur eines Distributionssystems.
Zentral angeordnete Läger sind meist als Werksläger (d.h. der jeweiligen Produktionsstätte angegliederte Läger mit dem dort produzierten Sortiment) oder als Zentralläger (meist mit vollständiger Sortimentierung) konzipiert. Dezentrale Läger nehmen dagegen
oft die Funktion kundennaher Auslieferungsläger wahr. Aus der
festen Zuordnung der Läger zueinander, der Abgrenzung der Liefergebiete und der Zuordnung der Läger zu ihnen ergibt sich die
Intensität des Warenstromes, den jedes einzelne Lager zu bewältigen hat (vgl. BLANK 1980, S. 25 f.).

Als Leistungsgrößen eines Lagers - und damit als entscheidende
Einflußgrößen für seine Dimensionierung - sind in erster Linie
der Lagerumschlag und der Lagerbestand zu nennen. Dabei ist der
Lagerumschlag eine direkte Funktion der Warenstrom-Intensität,
während der Lagerbestand in großem Maße von der angestrebten Lieferbereitschaft abhängt. Eine detailliertere Betrachtung zeigt,
daß auch die Struktur der ein- und ausgehenden Warenströme, d.h.
neben der Umschlagsmenge auch die artikelmäßige Zusammensetzung
und die zeitliche Verteilung von Belieferungen und Auslieferungen, maßgebend ist für die Wahl der Lagertechnologie, die Lager-
dimensionierung und die technische und personelle Ausstattung von
Lägern. Sie sind somit bestimmend für die Kosten eines Lagers,
müssen jedoch für diese Betrachtung als gegebene Größen betrachtet werden (vgl. WITTEN 1974, S. 10 ff.). Planungsgrundsätze für
die Errichtung von Lägern werden hier nicht weiter erörtert (vgl.
dazu: JÜNEMANN 1978; KUNZ, SCHULTE-ZURHAUSEN 1983).

Transport
Der Raumausgleich innerhalb eines Distributionssystems wird durch
den lagerexternen Transport hergestellt. Transportquellen stellen
die Läger des Systems dar. Es sind verschiedene Transportaufgaben
zu unterscheiden je nach Art der Systemelemente, die durch sie
verbunden werden:
- Lagernachlieferungen, d.h. die Beschickung eines Lagers durch
  ein übergeordnetes Lager, die auch "Vorfracht" und "Lagerbelieferung" genannt wird,
- Kundenlieferungen, d.h. Auslieferung an den Kunden von einem
  dezentralen Auslieferungslager, auch "Nachlauf" genannt und

- Direktbelieferungen, d.h. die Auslieferung an den Kunden von
  einer übergeordneten Lagerstufe (z.B. von einem Werkslager
  statt einem Auslieferungslager), auch "Kundendirektbelieferung"
  genannt (vgl. BLANK 1980, S. 27 f.).

Zur Bewältigung dieser Aufgaben können je nach Rahmenbedingungen
die unterschiedlichsten Transportmittel eingesetzt werden. In der
Bundesrepublik Deutschland werden nach einer Schätzung des IFO-
Instituts (IFO 1984, S.24) im Jahr 1984 rund 249 Milliarden Ton-
nenkilometer (tKm) im Güterverkehr geleistet werden (1983: 237
Milliarden tKm), wobei die einzelnen Transportmittel folgende An-
teile bestreiten werden:
Lastkraftwagen (LKW)   52 %, davon im Nahverkehr   17 %,
                                    im Fernverkehr 35 %,

Bahn   23 %,
Flugzeug   1 %,
Binnenschiffahrt   21 % und
Pipeline   3 %.

Im Rahmen der Distribution von Konsumgütern und technischen Verbrauchsgütern besitzen Binnenschiffahrt und Pipelines aufgrund
räumlich-geographischer Gegebenheiten, bzw. der Spezialisierung
des Transportmittels, wie auch aus Gründen wettbewerbsbedingter
kurzer Lieferzeiten keine Relevanz. Auch müssen Flugzeuge als
Transportmittel nicht zuletzt aus Kostengründen auf sehr wenige
Ausnahmefälle beschränkt bleiben, wie auch der Anteil an der
Gesamt-Güterverkehrsleistung zeigt.

Somit kommen im Gebiet der Bundesrepublik Deutschland zu Distri-
butionszwecken nur Transporte per Lastkraftwagen und/oder per
Eisenbahn in Frage (vgl. auch JÜNEMANN 1980, S. 135 f.). In Anbetracht häufig geforderter Lieferzeiten von max. 48 Stunden wird
im allgemeinen dem Lastkraftwagen der Vorzug gegeben. Darüber
hinaus gewährleistet dieses Transportmittel eine direkte "Haus-
zu-Haus"-Beförderung, eine Dienstleistung, die beim schienen-
gebundenen Transport vielfach zusätzlich mit Lastkraftwagen erbracht werden muß, da in der Mehrzahl Läger und Kunden nicht über
einen Gleisanschluß verfügen (vgl. dazu auch RATTAT 1971, S.
190).

In letzter Zeit gewinnen auch zweckentsprechende Kombinationen beider Transportmittel - der kombinierte Verkehr - an Bedeutung, so der sog. "Huckepack-Verkehr", d.h. der Transport beladener Lastkraftwagen mit der Bahn, und der Container-Verkehr , der sich insbesondere durch die Möglichkeit eines mechanischen Umschlags standardisierter Container und Wechselaufbauten als schnelle und wirtschaftliche Lösung anbietet (vgl. auch PFOHL 1972, S. 158; DELFMANN 1978, S. 52; LÄSSIG 1983, S. 8f.). Für die Kundenbelieferung von dezentralen Auslieferungslägern wird diese Verkehrsform ohne Bedeutung bleiben. Hier dominiert die Belieferung durch LKW aufgrund ihrer Flexibilität.

Beim Einsatz von Lastkraftwagen ist zu unterscheiden zwischen einem unternehmenseigenen Fuhrpark und der Abwicklung der Transporte durch Dritte. Hier sind letztlich Wirtschaftlichkeitsgründe entscheidend, die in starkem Maße von der Kundenstruktur und der Auftragsstruktur bestimmt werden. Die Unterhaltung eines unternehmenseigenen Fuhrparks erscheint nur bei einer gleichmäßig hohen, dauerhaften Auslastung sinnvoll, während bei zeitlich stark schwankenden, z.B. saisonalen Auftragsvolumina die Einschaltung eines Spediteurs oft wirtschaftlicher ist (vgl. REIMANN 1966, S.252; LAMLA 1971, S. 123).

Auftragsabwicklung
Um den Warenfluß der produzierten Güter in den beiden Systemelementen Transport und Lager zu gewährleisten, ist ein entsprechender Informationsfluß sicherzustellen. Dies ist eine Aufgabe der Auftragsabwicklung. Sie ist verbunden mit einer datenmäßigen Erfassung, Bearbeitung, Kontrolle und Übermittlung der Aufträge (vgl. KLEE, TÜRKS 1970, S. 69).

Die Auftragsabwicklung kann zentral wie auch dezentral organisiert sein (vgl. FALTER 1980, S. 3 f.). Neben dieser räumlichen Unterscheidung läßt sich eine Vielzahl von Systemformen der Auftragsabwicklung abgrenzen (vgl. TÜRKS 1971, S. 73), die unterschiedliche Arbeitsverfahren in den Teilfunktionen aufweisen. Der Grad der Automatisierung der verschiedenen Verfahren konnte als relevante Einflußgröße der Kostenverursachung dieser Funktion nachgewiesen werden. Gleichzeitig hängen die Kosten der Auftragsabwicklung von der Anzahl zu bearbeitender Aufträge und ihrer Struktur, z.B. Anzahl Positionen je Auftrag etc. (vgl. FALTER 1980, S. 106).

Häufig vollzieht sich die Auftragsabwicklung dezentral in Verkaufsbüros, die den dezentralen Auslieferungslägern oft räumlich und/oder organisatorisch zugeordnet sind. Gegebenenfalls werden dort gleichzeitig andere Funktionen wahrgenommen, wie Ersatzteillagerung oder Ausstellungsfunktionen. Einer zentralen Auftragsabwicklungsstelle obliegt dann die Führung von Auftrags- und Kundendateien, sowie die Koordination der notwendigen Vorgänge zur Auslieferung.

Andererseits kann eine Auftragsabwicklung vollständig dezentral vollzogen werden, oder auch unabhängig von der räumlichen Verteilung der Systemelemente Lager und Transport organisiert sein. Zwar muß hier der Informationsfluß zur Veranlassung und Steuerung des Warenstromes gewährleistet sein, aber eine Strukturänderung des Distributionsystems muß nicht unbedingt Einfluß haben auf das Systemelement "Auftragsabwicklung".

Im Gegenteil ist mit dem Vordringen neuer Kommunikationstechnologien von einer räumlichen Entkopplung des Systemelements Auftragsabwicklung auszugehen (vgl. BILDSCHIRMTEXT-LEXIKON 1983, S. 91 ff.). Bei traditionellen Kommunikationstechnologien beansprucht die Zeitdauer des Auftragsabwicklungsverfahrens einen erheblichen Anteil an der gesamten Lieferzeit. An dieser Stelle sei nur an die früher häufig anzutreffenden Auftragsübermittlungen auf dem Brief-Postweg erinnert, deren Zeitdauer sich eher nach Tagen, denn nach Stunden bemißt. Die stürmische Entwicklung neuer Informations-, Erfassungs-, Übermittlungs- und Verarbeitungstechnologien, wie Bildschirmtext, Teletex, Telefax, Datex-P- und Datel-Dienste (vgl. DEUTSCHE BUNDESPOST 1982, ders. 1983), aber auch der mobilen dezentralen Datenerfassung, erlauben es darüberhinaus, den Zeitaufwand für die Auftragsabwicklung bei eher niedrigeren Kosten drastisch, bis in den Bereich von Minuten zu senken.

4.2 Beziehungen zwischen den Elementen eines Distributionssystems

Erst aus dem Zusammenspiel der Elemente eines Distributionssystems ergibt sich seine Leistungsfähigkeit. Die Beziehungen zwischen den Elementen werden entscheidend beeinflußt durch die Struktur des Distributionssystems und die praktizierte Strategie. Durch eine zweckmäßige Abstimmung der Struktur- und Strategieparameter bietet sich die Möglichkeit, ein Distributionssystem so zu gestalten, daß trotz steigender Anforderungen seitens der Absatzmärkte ein Höchstmaß an Wirtschaftlichkeit erreicht und beibehalten werden kann.

4.2.1 Distributionsstruktur

Die Distributionsstruktur bezeichnet die aufbauorganisatorische Gestaltung eines Distributionssystems, die räumlich-geographische Anordnung der Läger und die Abgrenzung ihrer Aufgaben- und Zuständigkeitsbereiche. Eine Beschreibung der Distributionsstruktur umfaßt daher:
- die Anzahl der Läger,
- ihre Standorte,
- die räumliche Aufteilung der Lieferbezirke der einzelnen Läger und
- die Anzahl der Lagerstufen, d.h. die organisatorische Zuordnung der Läger untereinander.

Nach der Richtung der Gliederung lassen sich die horizontale Distributionsstruktur (Anzahl der Läger je Stufe) und die vertikale Distributionsstruktur unterscheiden.

Die vertikale Struktur eines Distributionssystems hat insbesondere Einfluß auf die Aufgaben einzelner Läger und ihre Beziehungen untereinander. In der Praxis sind bis zu vier Stufen anzutreffen. Dies sind in ihrer hierarchischen Reihenfolge: Werkslager-, Zentrallager-, Regionallager- und Auslieferungslagerstufe (vgl. KLEE, RÖHR, TÜRKS 1971, S. 16; DORLOFF, ERDMANN, KUNZ 1971, S. 136 ff.; WINKLER 1977, S. 12).

<u>Werksläger</u> sind hierbei Fertigwarenläger, die den Produktionsstätten angegliedert sind. Sie nehmen den Produktionsausstoß auf und sorgen so zunächst für einen Zeitausgleich zwischen Produktions- und Nachfragezeitpunkt. Ihre Sortimentierung beschränkt sich meist auf das am Ort hergestellte Artikelspektrum (vgl. WINKLER 1977, S. 19).

Ein <u>Zentrallager</u> hingegen ist meist vollständig sortimentiert, da seine Hauptaufgabe - neben dem Zeitausgleich - überwiegend im Sortimentsausgleich unterschiedlicher Produkte mehrerer Produktionsstätten besteht. Bei einer dezentralen Distributionsstruktur werden hier Bestände, die die volle Sortimentsbreite umfassen, zur Lagerauffüllung nachgeordneter Lagerstufen geführt, um insbesondere bei der Belieferung umsatzschwacher Läger möglichst große Liefereinheiten zu erzielen. Existiert neben einem Zentrallager keine nachgeordnete Lagerstufe, wird von einer zentralisierten Distributionsstruktur gesprochen, in der die Kundenlieferungen vom Zentrallager ausgehen, oder bei Direktbelieferungen unter Umgehung desselben von den Werkslägern (vgl. dazu auch: WINKLER 1977, S. 20).

Begrenzt auf eine bestimmte Absatzregion können <u>Regionalläger</u> eine entsprechende Funktion wahrnehmen. Neben einer Entlastung über- und nachgeordneter Lagerstufen nehmen Regionalläger ggfs. eine zentralisierte Bestandsführung besonderer absatzschwacher oder weniger Lieferzeit-kritischer Artikel wahr, die auf der nachgeordneten kundennahen Lagerstufe nicht vorrätig gehalten werden. Bezüglich der Marktnähe nehmen sie damit eine zurückgezogene Stellung ein, da sie als vom Kunden weiterentfernte Auslieferungsläger fungieren. Die Existenz von Regionallägern bildet jedoch im Gebiet der Bundesrepublik Deutschland eine sehr seltene Ausnahme.

Auf der untersten Lagerstufe - dem Kunden unmittelbar zugeordnetbefinden sich die dezentral angeordneten <u>Auslieferungsläger</u>. Sie liegen damit in nächster Nähe der Abnehmer und fungieren in erster Linie als Verteilungsläger, in denen die großen Mengeneinheiten der Anlieferung zu den kleineren, vom Kunden bestellten Einheiten vereinzelt werden. Ihre Bedeutung ergibt sich aus die-

ser Umschlagsfunktion (vgl. auch EISELE 1976, S. 76) sowie aus
ihrer Bevorratung innerhalb eines Wiederbeschaffungszeitraums
(Nachlieferzeitraum). Ihre Verkaufs- (Liefer-) bezirke sind räumlich voneinander abgegrenzt; ihre Standorte werden absatzorientiert gewählt. Ihre Sortimentierung muß nicht zwangsläufig vollständig sein. Sie kann regional dem Absatzmarkt angepaßt sein,
sie kann aber auch auf ausgewählte, z.B. nur absatzstarke Artikel
beschränkt sein (vgl. KUNZ 1976, S. 72).

Abbildung 1 zeigt beispielhaft den dreistufigen Fall eines
Distributionssystems und die organisatorische Einordnung der
Läger. Für die Mehrzahl realer Distributionssysteme in der Bundesrepublik Deutschland kann diese vertikale Struktur als typisch
angesehen werden (vgl. TEMPELMEIER 1983b, S. 13).

Die horizontale Distributionsstruktur betrifft die Ausgestaltung
der einzelnen Stufen - die Anzahl und die Standorte der Läger und
die räumliche Liefergebietsaufteilung. Die Anzahl der Werksläger
und die entsprechenden Standorte sind meist durch die Produktionsstätten zwangsläufig gegeben, ebenso die Sortimentierung.
Die Zentrallagerfunktion ist hingegen nicht unbedingt an vorgegebene Standorte gebunden.

Liegt nur eine Produktionsstätte vor, so kann diesem bei zen-
tralem Zukauf von Handelsware auch die Zentrallagerfunktion zu.
Bei mehreren Werkslägern kann ein ausgewähltes Werkslager auch
als Zentrallager fungieren, oder aber die nachgeordnete Lagerstufe übernimmt die Aufgabe des Sortimentsausgleichs.

Existiert in einem Distributionssystem ein Zentrallager, so sind
Regionalläger sehr selten anzutreffen, da ihnen meist nur noch
eine zusätzliche Pufferungsaufgabe zufällt, während der Sortimentsausgleich bereits auf übergeordneter Stufe bewältigt wurde.
Allenfalls bleibt ihnen das Führen besonderer Sortimentsteile,
für die sie die Funktion der Auslieferungsläger übernehmen. Zur
Erzielung eines möglichst großen Zentralisierungseffekt, d.h.
einer Verringerung des Lagerhaltungsaufwands für umschlagsschwa-
che Produkte, muß ihre Anzahl auf wenige beschränkt bleiben.

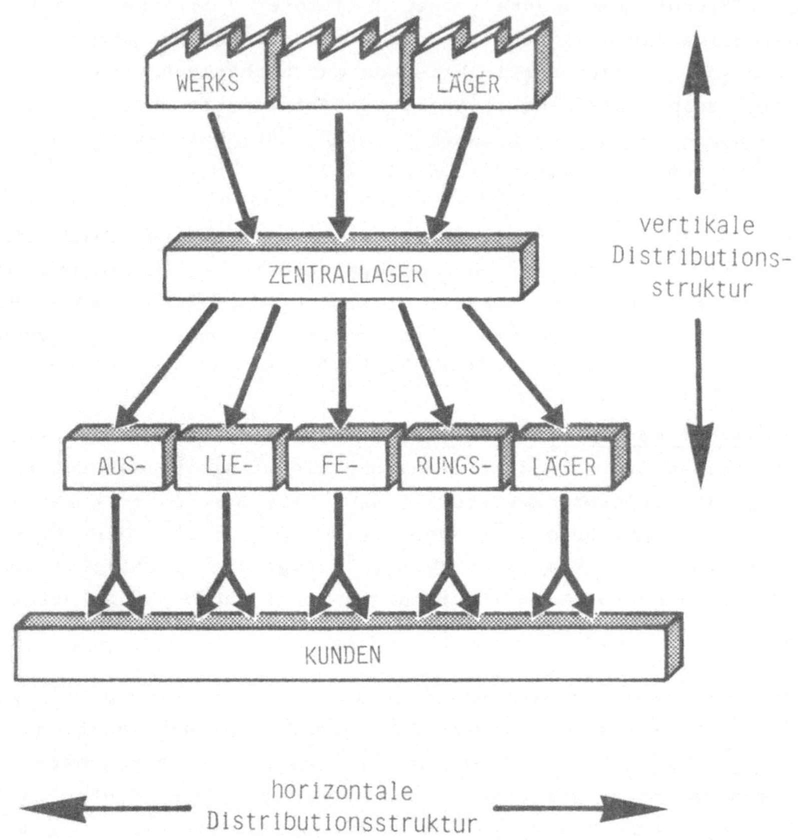

Abb. 1: Schematische Darstellung einer dreistufigen
Distributionsstruktur

Die Anzahl der Läger auf der untersten Lagerstufe, der Auslieferungsläger, ist in starkem Maße von der angestrebten Lieferbereitschaft abhängig. Die Anzahl dieser Läger hat unmittelbaren
Einfluß auf die realisierbare Lieferzeit, die dem Kunden zugesagt
werden kann, da bei abnehmender Anzahl Auslieferungsläger zwangsläufig die zu bedienenden Lieferbezirke durchschnittlich größer

werden. Damit wächst die durchschnittliche Entfernung vom Lager zu den Kunden und auch die benötigte Transportzeit, die einen erheblichen Teil der Lieferzeit ausmacht. Andererseits ist einer Zunahme der Auslieferungslageranzahl ebenso eine Grenze gesetzt. Zwar werden die durchschnittlichen Entfernungen zwischen Lager und Kunde geringer, aber die Umschlagsmenge der einzelnen Läger sinkt, die Summe der dort notwendigerweise zu haltenden Bestände steigt, die Anzahl der Lagerbelieferungen nimmt zu, usw. (vgl. PFOHL 1972, S. 114 ff.). Hier ist ein kostengünstiges Gleichgewicht zwischen Kundennähe und Distributionsaufwand anzustreben.

Die Standortwahl der Auslieferungsläger erfolgt einerseits absatzorientiert, z.B. in der Nähe der Nachfragezentren der jeweiligen Region, andererseits auch Verkehrswege-orientiert, um eine möglichst gute Anbindung an das Verkehrsnetz zu erreichen (vgl. auch TEMPELMEIER 1980, S. 161). Durch die explizite Zuordnung der einzelnen Kunden zu jeweils einem Lager ergibt sich implizit die Aufteilung der Lagerbezirke. Aus den Zuständigkeitsbereichen der Auslieferungsläger schließlich leiten sich die Zuständigkeitsbereiche der Läger der übergeordneten Lagerstufen unmittelbar ab. An einem Standort können so die Funktionen verschiedener Lagerstufen wahrgenommen werden.

Die Frage der Gestaltung der horizontalen und vertikalen Distributionsstruktur ist von entscheidender Bedeutung für die Wirtschaftlichkeit und Leistungsfähigkeit eines Distributionssystems, da durch sie grundsätzlich die einzuschlagenden Transportwege bestimmt werden, auf denen die physische Distribution vollzogen wird.

4.2.2 Distributionsstrategie

Die Distributionsstrategie beinhaltet die ablauforganisatorische Gestaltung von Distributionssystemen. Es ist Aufgabe der Distributionsstrategie, die Warenströme von der Produktion bis zum Absatzmarkt über die Elemente eines Distributionssystems zu steuern. Bezogen auf die physisch vollziehenden Systemelemente, lassen sich abgrenzen:
- die Lagerhaltungsstrategie (auch Bestandhaltungsstrategie) und

- die Lieferstrategie.

<u>Lagerhaltungsstrategie</u>

Die Gewährleistung einer postulierten Lieferbereitschaft kann nur durch zweckentsprechende Koordination aller Systemelemente erreicht werden. Damit obliegt die Einhaltung einer Lieferbereitschaft auch jedem einzelnen Lager, d.h. die angeforderte, bestellte Ware soll zum gewünschten Zeitpunkt in richtiger Menge am Nachfrageort vorhanden sein. Es ist u.a. Aufgabe der Lagerhaltungsstrategie, dieser Anforderung gerecht zu werden. Im Rahmen der Lagerhaltungsstrategie lassen sich folgende Größen festlegen:
- die Sortimentierung der Läger,
- die Höhe der einzulagernden Bestände
- die Häufigkeit und der Umfang der Lagerbelieferungen (Nachliefermodus) (vgl. auch TEMPELMEIER 1983b, S. 36).

Die Sortimentierung der Läger bezeichnet die schon erwähnte Praxis, nicht in jeder Lagerstufe das gesamte Sortiment zu lagern. Es kann sinnvoll sein, auf der untersten Lagerstufe - in größter Kundennähe - nur umsatz- (absatz-) starke Produkte zu lagern. Eine Einteilung des Artikelspektrums in entsprechende Klassen anhand einer ABC-Analyse hat sich hier bewährt. Diese gezielte Sortimentierung empfiehlt sich insbesondere in Fällen, in denen auch die Lieferbereitschaft nach Produkten differenziert wird.

In gleichem Maße bedarf es einer Festlegung der Höhe der Bestände. Ein Lagerbestand läßt sich unterscheiden in einen Grundbestand und einen Sicherheitsbestand (vgl. BOWERSOX, SMYKAY, LA LONDE 1968, S. 218), denen jeweils unterschiedliche Aufgaben zufallen. Dem Grundbestand obliegt es, die durchschnittliche Nachfrage, die zwischen zwei Lagerbelieferungen auftritt, zu befriedigen. Er wird daher berechnet anhand des Absatzes jedes Produktes pro Zeiteinheit und der Wiederbeschaffungszeit jedes Produktes. Damit ist der Grundbestand abhängig von der Häufigkeit und dem Umfang der Lagerbelieferungen sowie der Nachfrage zwischen zwei Lagerbelieferungen.

Andererseits unterliegt die Nachfrage stochastischen Schwankungen, deren einseitig positive Ausschläge vom Grundbestand nicht gedeckt werden können. Daher wird zusätzlich zum Grundbestand ein Sicherheitsbestand gelagert, der diese Nachfrageüberhänge auffangen soll. Von seiner Höhe im Verhältnis zum Grundbestand, d.h. der durchschnittlichen Nachfrage je Nachlieferzeitraum, und dem Ausmaß der positiven Nachfrageüberhänge, hängt es ab, in welchem Umfang er diese Aufgabe erfüllen kann. Ein Maß für die Erfüllung bietet der Verfügbarkeitsgrad. Es werden allgemein zwei unterschiedliche Definitionen verwendet: (vgl. PFOHL 1972, S. 103; KUNZ 1976, S. 21)

1. häufigkeitsorientiert: Der Verfügbarkeitsgrad gibt den Anteil von Wiederbeschaffungsperioden an der Gesamtzahl an, in denen keine Fehlmengen auftreten. Eine mengenmäßige Erfassung nicht erfüllter Aufträge erfolgt damit nicht (vgl. auch MAGEE 1960, S. 91 f.; REICHMANN 1978, S. 565 f.).

Eine andere Definition ist dagegen

2. mengenorientiert: Der Verfügbarkeitsgrad gibt den mengenmäßigen Anteil an der Gesamtnachfrage an, der während des Wiederbeschaffungszeitraumes vollständig aus den Lagerbeständen gedeckt werden kann. Die Häufigkeit der Fehlmengen wird damit nicht berücksichtigt (vgl. auch BROWN 1959, S. 105 ff.; SOOM 1976, S. 92; GROCHLA 1978, S. 110).

Beide Arten des Verfügbarkeitsgrades können aus empirischen Vergangenheitsdaten ermittelt werden. Der Unternehmung obliegt die Festlegung, welches Kriterium in ihrem primären Interesse liegt.

Über eine nachträgliche Bewertung der Verfügbarkeit hinaus ist der Verfügbarkeitsgrad von Bedeutung für die Planung einer zukünftigen Verfügbarkeit, die durch Vorhaltung von Sicherheitsbeständen gewährleistet werden soll. Mehrere Autoren geben zu jeder dieser Definitionen quantitative Beziehungen zwischen der Höhe der Sicherheitsbestände und dem Verfügbarkeitsgrad an (vgl. insbesondere BROWN 1959, S. 85 ff.; PFOHL 1972, S. 102 ff.; KUNZ 1976, S. 20 ff.; BLANK 1980, S. 18 ff.). Für einen Verfügbarkeitsgrad vorgegebener Höhe und Art ermöglichen diese Beziehungen die rechnerische Bestimmung eines notwendigen Sicherheitsbestands in Abhängigkeit von der Nachfragehöhe und -verteilung sowie - im Fall der mengenorientierten Berechnung - der Nachliefermenge im Wiederbeschaffungszeitraum (vgl. BLANK 1980, S. 19 ff.). Die

hierzu notwendigen Berechnungen schließen Bestimmung der Vertei-
lungsform der Nachfrage und ihrer Standardabweichung ein, wobei
in der Regel von einer Normalverteilung ausgegangen werden kann
(vgl. PFOHL 1972, S. 100).

Die Bestimmung der vorzugebenden Höhe des Verfügbarkeitsgrades
für einzelne Produkte entzieht sich einer Berechnung, da dies die
Berücksichtigung einer Reihe, teils nicht quantifizierbarer Faktoren voraussetzt, z.B. die Wettbewerbssituation des Unternehmens
mit seinen Produkten, und die Substituierbarkeit durch Produkte
anderer Hersteller. Diese Entscheidung kann daher nicht allein
unter Kostengesichtspunkten der Distribution getroffen werden
(vgl. PFOHL 1972, S. 193 f.; MEFFERT 1977, S. 84; WINKLER 1977,
S. 35 ff.).

Der Nachlieferrhythmus, d.h. die Häufigkeit und damit der Umfang
der Lagerbelieferungen, ist eng verbunden mit der Bestandshöhe.
Der Grundbestand ist mit ihm direkt funktional verbunden, während
der Sicherheitsbestand wesentlich von der gewünschten Lieferbereitschaft bestimmt wird. Höhere Sicherheitsbestände lassen eine
bessere Lieferbereitschaft erwarten, erhöhen gleichzeitig aber
die Kosten durch eine erhöhte Kapitalbindung und erhöhte Lagerhaltungskosten. Bestandsreduzierungen lassen sich - unter Beibe-
haltung des Lieferservice - durch kürzere zeitliche Abstände der
Lagerbelieferungen erzielen. Dies jedoch führt zu einer größeren
Anzahl Lagerbelieferungen mit kleinen Liefermengen. Einer Senkung
der Kosten im Lagerbereich steht somit eine Erhöhung der Transportkosten gegenüber. Besondere Bedeutung erlangt der Nachlieferrhythmus durch die u.a. stark mengendegressiven Transporttarife, die eine möglichst große Auslastung des Transportmittels
kostenmäßig erheblich begünstigen. Im Bereich der Lagerbelieferungen lassen sich durch Nutzung der starken Degression aufgrund
des großen Transportaufkommens und der großen durchschnittlichen
Transportentfernungen ggfs. große Einsparungen erzielen. (vgl.
KONEN, KUNZ, ROLLMANN 1982, S. 11 f.).

<u>Lieferstrategie</u>
Lieferstrategien bieten eine Orientierung für die routinemäßige
Steuerung der Warenströme auf den verschiedenen Transportwegen.

Sie bestimmen, welcher Kunde von welchem Lager beliefert wird, oder auch, ab welcher Sendungsgröße von einer anderen Lagerstufe ausgeliefert werden soll.

Im Vergleich zur Lagerbelieferung ist bei der Kundenbelieferung der Spielraum für strategische Entscheidungen stark eingeschränkt, da die geforderte Lieferbereitschaft jederzeit zu gewährleisten ist. Eine Variation der Lieferungen in zeitlicher oder mengenmäßiger Sicht ist unmöglich - ihre Ausprägung ist durch die Kundenbestellung gegeben. Im Falle der vollständigen Sortimentierung der Auslieferungsläger ist eine umgehende Belieferung der Kunden in der gewünschten Lieferzeit von dieser Stufe auszuführen.

Wird die Auslieferung ab einer bestimmten Größenordnung der Lieferung von einer übergeordneten Lagerstufe vollzogen, so werden i.d.R. höhere Transportkosten für diese Lieferung in Kauf genommen, als sie sich in der Summe bei einer Belieferung durch das Auslieferungslager ergeben würden. Dies ist eine Auswirkung der starken Mengendegression der Transporttarife, die bei Direktlieferungen mit vorgegebener Sendungsgröße nicht vollständig genutzt werden kann. Den höheren Transportkosten einer Direktbelieferung stehen jedoch Handlingsvorteile und damit Kostenvorteile im Lagerbereich gegenüber, weil im Auslieferungslager keine Umschlags- und Lagerhaltungskosten für diese Sendungen entstehen.

In diesem Zusammenhang lassen sich z.B. drei Strategien abgrenzen:
- die generelle Belieferung von Großkunden, d.h. von Kunden mit überwiegend sehr großen Abnahmemengen, durch Läger einer höheren Lagerstufe unter Umgehung nachgeordneter Lagerstufen,
- die Auslieferung von großen Bestellmengen, die einen bestimmten Umfang (Direktbelieferungskriterium) überschreiten, ebenfalls von einer höheren Lagerstufe,
- Lagerdirektbelieferungen, z.B. die Belieferung eines Auslieferungslagers durch ein Werkslager.

Lieferstrategien dieser Art bestimmen entscheidend die Größe der Warenströme auf den verschiedenen Wegen zwischen Produktion und

Absatzmarkt. Insbesondere wird die Höhe des Lagerumschlags auf der Stufe der Auslieferungsläger durch sie bestimmt, da, je nach Höhe der Gewichtsgrenze für Direktbelieferungen, größere Warenströme diese Stufe umgehen und direkt zum Kunden geliefert werden. Dies beeinflußt auch die Sendungsstruktur der Auslieferungsläger, da bei sinkender Gewichtsgrenze des Direktbelieferungskriteriums der relative Anteil kleiner Lieferungen am Gesamtumschlag eines Auslieferungslagers ansteigt. Damit erhöht sich der Handlingsaufwand im Auslieferungslager relativ zum Gesamtvolumen. Bei Lagerdirektbelieferungen gelten die angestellten Überlegungen bezüglich der Warenstromlenkung analog.

Eine weitere Lieferstrategie kann in der Festlegung einer <u>Mindestauftragsgröße</u> ihren Niederschlag finden. Die Mengendegression der Transporttarife wirkt sich in Richtung kleinerer Sendungsgewichte als überproportionale Transportkostensteigerung aus. Auch aufgrund auftragsfixer Kostenanteile steigt mit dem Absinken der Sendungsgewichte der Distributionskostenanteil am Umsatz der Sendung progressiv an, der Deckungsbeitrag sinkt. Er kann im Extremfall sogar negative Werte annehmen, d.h. die Sendung belastet das Betriebsergebnis. Einem oft marktpolitisch begründeten Zwang zu solchen Kleinstlieferungen steht die sehr hohe Kostenverursachung einer solchen Distribution gegenüber (vgl. KONEN, KUNZ, ROLLMANN 1982, S. 37).

Mindestauftragsgrößen, z.B. wertmäßiger oder mengenmäßiger Art, gewinnen zusätzlich an Bedeutung unter dem Aspekt einer verstärkten Abwälzung der Lagerhaltung vom Kunden auf den Lieferanten, da sich dieser Trend in einer kostenträchtigen Zunahme kleinerer Liefermengen bei wachsender Bestellhäufigkeit niederschlägt. Als Regulativ ermöglichen sie zumindest eine Begrenzung des Distributionskostenanstiegs.

4.3 Distributionskosten

Als Elemente eines Distributionssystems werden im Rahmen dieser Arbeit das Lager, der Transport und die Auftragsabwicklung betrachtet. Die hier verursachten Kosten werden im folgenden kurz umrissen.

Lagerkosten

Hier kann zwischen den Kosten der Bestandhaltung und denen der Lagerhaltung unterschieden werden.

- Bestandhaltungskosten

Zu den Kosten, die durch das Halten von Warenbeständen verursacht werden, zählen (vgl. GABLERS Wirtschaftslexikon 1965, S. 16 f.):
  - Kapitalbindungskosten (Verzinsung des in den Lagerbeständen gebundenen Kapitals),
  - Kosten für Versicherungen gegen Feuer, Diebstahl, Wasser usw.,
  - Kosten aufgrund von Mengenverlusten (Verderb und Schwund sowie Güteminderung (Veralterung)), und
  - verschiedene anteilige Steuern.

Unter diesen Komponenten dominieren die Kosten des in den Beständen gebundenen Kapitals. Ihre Bestimmung ergibt sich aus Wert und Umfang der eingelagerten Warenmenge, der Zeitdauer der Einlagerung und einem kalkulatorischen Zinsfuß, der einer anzunehmenden Verzinsung des gebundenen Kapitals entspricht. Die Wahl eines geeigneten Zinsfußes hängt eng zusammen mit der Wahl einer Bezugsbasis für den Warenwert. In Frage kommen hier grundsätzlich Herstellkosten, Herstellungskosten oder Selbstkosten. Der Umfang der Bestände eines Lagers bemißt sich nach Grund- und Sicherheitsbestand (vgl. KUNZ 1976, S. 29 f.).

- Lagerhaltungskosten

Lagerhaltungskosten werden verursacht durch die Unterhaltung einer Lagereinrichtung und seinen Betrieb. Sie umfassen damit:
  - Personalkosten (einschl. sozialer Aufwendungen),
  - Raumkosten für die Bereitstellung eines zweckentsprechenden Lagerraumes - einschließlich der Lagereinrichtungen und des Energieverbrauchs und
  - Kosten für die lagerinterne Güterbewegung (Transportmittelkosten) und die lagerinterne Güterbehandlung (Verpackungskosten) (vgl. dazu auch ASSFALG 1976, S. 22 f.).

Als kostenbestimmende Einflußgrößen eines Lagers sind zu nennen:
  - der Lagerbestand,
  - der Lagerumschlag und
  - die Auftragsstruktur.

Gleichzeitig sind sie Bestimmungsgrößen für die Auslegung, Gestaltung und Dimensionierung der Lagergebäude und der Lagereinrichtungen, die ihrerseits nach ihrer Art die Lagerkosten beeinflussen. Ebenso ist die Art der Lagerung (Regallager, Blocklager, etc.) eine Einflußgröße der Lagerkosten. Es ist außerordentlich schwierig, den funktionalen Zusammenhang zwischen den Lagerhaltungskosten und den Leistungsgrößen eines Lagers analytisch zu bestimmen, da es eine Vielzahl von Gestaltungsmerkmalen zu berücksichtigen gilt.

Funktionen der Lagerhaltungskosten vorhandener Läger können bei unternehmungseigenen oder angemieteten Lägern jedoch empirisch bestimmt werden. Hierbei steht die Orientierung am Ist-Zustand im Vordergrund, verbunden mit der Annahme, daß vorhandene Läger auch in Zukunft den Anforderungen genügen. Die Erhebung der summarischen Lagerhaltungskosten ist möglich anhand der Unterlagen der Kostenrechnung. Im allgemeinen enthalten die Auftragsarchive die ebenfalls benötigten Leistungsdaten, so daß mittels einer Regressionsrechnung der Zusammenhang zwischen den Kosten- und Leistungsgrößen abgeleitet werden kann.

Eine analytische Kostenermittlung empfiehlt sich dennoch bei einer grundlegenden Umgestaltung auch einzelner Teilbereiche, da hier die Orientierung an möglichen, kostengünstigsten Zuständen im Vordergrund steht. Eine analytische Bestimmung der Kostenfunktion wird auch notwendig, wenn die Lagerhaltung Dritten, z.B. Spediteuren und Speditionslägern, zu einem festen Kostensatz je Umschlagsmenge und/oder je eingelagerter Menge übertragen wurde. Die reine Mengenabhängigkeit der Lagerhaltungskosten entspricht nicht einer tatsächlichen Leistungsabhängigkeit von den o.g. Einflußgrößen. Eine verursachungsgerechte Kostenzuordnung kann hier nur die analytisch bestimmte Kostenfunktion leisten.

Transportkosten

Neben lagerinternen Transportvorgängen, die dem Lagerbereich zugerechnet werden, finden lagerextern die entscheidenden Transportvorgänge zur Belieferung der Läger und der Kunden statt. In der Bundesrepublik Deutschland ist die derzeit meistgenutzte Transportmittelart der Lastkraftwagen. Zur Berechnung der hier anfallenden Transportkosten existieren verschiedene Tarifwerke. Ihr Inhalt hat für Spediteure teils verbindlichen, teils empfehlenden Charakter. Hier sind insbesondere zu nennen:
- der Reichskraftwagentarif (RKT) für den Güterfernverkehr (BmV-RKT, 1975) und
- die "Bedingungen und Entgelte für den Spediteur-Sammelgutverkehr" (BSL 1976, BSL 1978, BSL 1981), auch Sammelladungstarif genannt.

Der Reichskraftwagentarif unterscheidet Sendungsgewichte bis zu 3 Tonnen (Stückgut) und über 3 Tonnen (Wagenladung). Die Frachtangaben dieses Tarifs sind verbindlich unter Einräumung eines Margenspielraumes von 8,5% zu beiden Seiten des Tarifs, bei Stückgutfrachten ist eine Erhöhung um 10 % zulässig.

Der Sammelladungstarif setzt sich aus zwei additiven Komponenten zusammen :
- "dem Kundensatz ab Haus des Versenders bis zum Bestimmungsort des Empfängers und
- der Hausfracht, dem Entgelt für die Zustellung bis zum Haus des Empfängers" (BmV-KVO 1970, S. 4); die Hausfracht ist gemeinhin unter dem Begriff "Rollgeld" bekannt.
Er stellt eine Empfehlung dar, die allerdings weite Verbreitung gefunden hat. Sein Kundensatz baut letztlich auf dem Entfernungswerk des Reichskraftwagentarifs auf. Unabhängig von der Wahl eines dieser beiden Tarife wird in der Praxis für Liefermengen bis zu 3 Tonnen die Hausfracht, das sog. Rollgeld, berechnet.

Von Sondertarifen für spezielle Güter abgesehen sind die frachtsatzbildenden Elemente dieser Tarife im wesentlichen das zu transportierende Gewicht, die Transportentfernung und die Art und

Güte der Ladungsgüter. Allen Tarifen gemeinsam ist der degressive Einfluß von Gewicht und Entfernung auf die Transportkosten (vgl. auch EISELE 1976, S. 69 f.). Dieser insbesondere im Bereich hoher Gewichte und großer Entfernungen sehr wirksame Degressionseffekt läßt eine Kostenberechnung auf der Basis linearisierter Kostensätze, wie sie in vielen Planungsmodellen vorgenommen wird, unzulässig erscheinen, da sich hier Abweichungen ergeben, die im Extremfall ein Vielfaches der realen Fracht betragen (vgl. auch TEMPELMEIER 1983b, S. 37).

Eine Abhängigkeit der Transportkosten von einer zu vereinbarenden Lieferzeit ist im RKT in Form von Schnellieferzuschlägen festgelegt (vgl. BmV-KVO 1970, S. 16; BmV-RKT 1975, S. 7). Die Grenzwerte zu ihrer Bemessung sind jedoch beim wesentlich gestiegenen Leistungsstand des heutigen Transportwesens als überholt anzusehen, ihnen kommt daher kaum noch praktische Bedeutung zu. Im Bereich des Stückguttarifs ist eine freie Vereinbarung zulässig. Hier hängt eine mögliche, zu vereinbarende Lieferfrist von der Lage des Zielgebietes - z.B. in einem Ballungsgebiet - und von der Leistungsbereitschaft und -fähigkeit des Spediteurs ab.

<u>Auftragsabwicklungskosten</u>

Zu den Kosten der Auftragsabwicklung sind folgende Komponenten zu zählen:
- Personalkosten des Innendienstes (einschließlich sozialer Aufwendungen),
- Personalkosten des Außendienstes soweit sie im Rahmen der Auftragsabwicklung entstehen (einschließlich sozialer Aufwendungen) und nicht anderen Bereichen, z.B. der Akquisition zuzurechnen sind,
- Raumkosten der dezentralen und zentralen Auftragsabwicklung einschließlich des Energieverbrauchs. Eine dezentrale Auftragsabwicklung kann z.B. über Verkaufsbüros geschehen.
- Betriebskosten der technischen Einrichtungen (EDV-Kosten, Übermittlungskosten etc.) und Sachmittelkosten.

Leistungsgrößen einer Auftragsabwicklung, die gegebenenfalls direkte Kostenwirksamkeit besitzen, sind Auftragsvolumen, Auftragsstruktur, Kundenstruktur und Bearbeitungsdauer. Unterschiedliche Verfahren der Auftragsabwicklung haben nach der Art und dem Grad ihrer Automatisierung ebenfalls Einfluß auf die Kosten der Auftragsabwicklung. Zu einer optimalen Auslegung eines Auftragsabwicklungssystems in Abhängigkeit von der geforderten Leistung liegen nur wenige entscheidungsunterstützende Hilfsmittel vor (vgl. FALTER 1980, S. 141 f.).

Andererseits legt die rasante technologische Weiterentwicklung der nationalen Kommunikationssysteme eine Trennung der physischen Distribution von der Auftragsabwicklung nahe, so daß in zunehmendem Maße keine direkte Abhängigkeit der Auftragsabwicklung vom Distributionssystem mehr festzustellen sein wird. Die damit verbundene annähernde Kostenneutralität der Auftragsabwicklung bei Änderungen anderer Elemente des Distributionssystems läßt einen Verzicht auf eine explizite Behandlung dieser Kostenkomponente im Rahmen dieser Arbeit als zulässig erscheinen. Ihre Berücksichtigung - soweit sie leistungsmäßig mit dem Distributionssystem verbunden ist - ist jedoch prinzipiell möglich.

4.4 Rahmenbedingungen eines Distributionssystems

Als ein offenes System ist die Distribution eingebunden zwischen der Produktion, der Quelle der Warenströme, und dem Absatzmarkt, der Senke. Beide Seiten engen die Gestaltungsfreiheit eines Distributionssystems durch Rahmenbedingungen ein.

- Unternehmensbezogene Rahmenbedingungen

Als Teilbereich im Rahmen der Aufgabenerfüllung eines Unternehmens wird die Distribution vornehmlich von zwei Hauptbereichen restriktiv beeinflußt, der Produktion und der Finanzwirtschaft.

Die **Produktion** beeinflußt die Distribution hauptsächlich durch die Anzahl und die räumliche Verteilung der Produktionsstätten sowie den Produktionsvollzug (vgl. BLANK 1980, S.8).

Der Standort einer Produktionsstätte wird durch eine Vielzahl von

Faktoren beeinflußt, die die Anforderungen seitens der Distribution oft in den Hintergrund treten lassen (vgl. dazu WÖHE 1976,
S. 264 ff.). Oft sind die Produktionsstätten auch historisch
vorgegeben, ohne an Optimalitätskriterien der Distribution orien-
tiert zu sein, oder es wurden bei Übernahme von Unternehmungen
andere Produktionsstätten hinzugefügt. Die räumliche Trennung
mehrerer Produktionsstätten führt zu einer Reihe zusätzlicher
Vorgänge in Transport und Lagerung mit entsprechenden kostenmäßigen Auswirkungen. Schließlich kann die Möglichkeit, an einem
Werkslagerstandort gleichzeitig die Funktion eines lokalen Auslieferungslagers wahrzunehmen, die räumliche Gliederung der
Standorte und Lieferbezirke der Auslieferungsläger beeinflussen.

Auch die Art und Weise des Produktionsvollzuges beeinflußt das
Distributionssytem unmittelbar. Eine lagerorientierte Mehrproduktfertigung, wie sie im Rahmen dieser Arbeit vorausgesetzt
wird, bringt kurzfristige und mittelfristige Planungsprobleme mit
sich.

Kurzfristig ergeben sich Anpassungsprobleme, wenn mehrere Produkte auf denselben Maschinen gefertigt werden, d.h. sie werden
nur nacheinander in gewissen Losgrößen hergestellt. Problematisch
ist hier die Bestimmung wirtschaftlicher Losgrößen, um einerseits
die notwendige Bestandhaltung zu minimieren, andererseits durch
eine entsprechende Größe der Lose noch wirtschaftliche Produk-
tionsbedingungen zu erhalten. Gleichwohl hat das Distributionssystem den Mengenausgleich zwischen Losgröße der Produktion und
Auftragsgröße des Kunden sowie den Zeitausgleich zwischen Fertigstellung und Nachfrage herzustellen.

Mittelfristig ergeben sich Anpassungsprobleme bei starken Schwankungen der Nachfrage. Neben konjunkturellen Schwankungen, die
allenfalls mit einer leistungsfähigen Prognose antizipiert werden
können, sind dies vor allem saisonale Schwankungen mit einem jah-
reszeitlichen Rhythmus, der je nach Branche und Unternehmen sehr
wohl bekannt ist (vgl. BRUNNER 1962, S. 3 ff.). Die unterschiedlichen Möglichkeiten einer Anpassung berühren den Distributionsbereich unmittelbar. Ein zeitlich vorgelagerter, gleichmäßig
hoher Produktionsausstoß führt zu günstigen Produktionsbedingun-

gen, belastet jedoch die Lagerhaltung im Vorfeld der Nachfrage-
spitzen mit hohen Beständen und damit hohen Lagerhaltungs- und
Bestandhaltungskosten. Andererseits erzwingt eine Minimierung der
Vorratshaltung die dauerhafte Bereitstellung überhöhter und nur
selten ausgelasteter Produktionskapazitäten, mit der Folge überhöhter Produktionskosten.

Eine kostenminimale Strategie erfordert eine Abstimmung zwischen
Produktion und Distribution. Die Aufgabe des Zeitausgleichs aufgrund von Produktionsgegebenheiten und saisonalen Nachfrageschwankungen fällt daher der Lagerhaltung zumindest anteilmäßig
zu. Neben diesen saisonalen Nachfrageschwankungen sind weitere
Schwankungen stochastischer Natur zu berücksichtigen, die als
marktbezogene Rahmenbedingungen behandelt werden (vgl. dazu MEF-
FERT 1977, S. 192).

Der Distribution werden desweiteren Rahmenbedingungen von der
<u>Finanzwirtschaft</u> gesetzt, da das finanzielle Gleichgewicht der
Unternehmung auch bei Maßnahmen im Bereich der Distribution ge-
wahrt bleiben muß. Nach VORMBAUM (1976, S. 32) stellt dieses
Gleichgewicht jene finanzwirtschaftliche Konstellation dar, bei
welcher dem Betrieb bei der Realisierung seiner Ziele keine Hin-
dernisse seitens der Finanzwirtschaft in den Weg gestellt werden;
d.h. die Erfüllung der betrieblichen Zielsetzung kann unter Wahrung eines zumindest die Aufwendungen abdeckenden Ertrags und unter Wahrung einer ausreichenden Liquidität geschehen.

Um die Erreichung des Betriebszieles zu gewährleisten, ist es zunächst nur erforderlich, daß der Gesamtbetrieb die Aufwandsdek-
kungsbedingung unter gleichzeitiger Wahrung einer ausreichenden
Liquidität erfüllt. Anzustreben ist jedoch der Zustand, daß diese
beiden Bedingungen zur Wahrung des finanzwirtschaftlichen Gleich-
gewichts von allen Betriebsbereichen erfüllt werden, und daß darüber hinaus noch ein Beitrag zum Unternehmenserfolg erwirtschaf-
tet wird. Für die Distribution bedeutet dies, daß die durch sie
verursachten Kosten die mit Geldeinheiten bewerteten Leistungen,
welche von ihr erbracht werden, nicht übersteigen dürfen, und daß
weiterhin die in diesem Unternehmungsbereich vorhandene Kapitalbindung die Liquidität der Unternehmung nicht gefährdet.

Zur Ermittlung der Erträge eines Distributionssystems bieten sich
verschiedene Möglichkeiten an:

- Wenn die Distributionsleistung dem Kunden in Rechnung gestellt
  wird, so kann für die zu betrachtende Periode der Gesamtertrag
  der Dienstleistung, Lieferung der Ware an den Kunden, relativ
  leicht durch Auswertung der Fakturen ermittelt werden.
  Wird der Preis der Auslieferung nicht explizit auf den Fakturen vermerkt, sondern geht dieser in Form eines Vertriebsko-
  stenzuschlags ein, so kann der Ertrag der Distribution als
  Differenz der Vertriebskostenzuschläge abzüglich der tatsächlichen Distributionskosten berechnet werden.
- Die Leistungen des eigenen Distributionssystems sind mit dem-
  jenigen Preis zu bewerten, der bei vollständiger Ausgliederung
  der Distribution und Übergabe an fremde Distributionshilfsbe-
  triebe entstehen würde.

Die dem Distributionssystem pro Periode zurechenbaren Aufwendungen lassen sich i.d.R. dem betrieblichen Rechnungswesen entnehmen.

Im Gegensatz zur Aufwandsdeckungsbedingung, die für jeden betrieblichen Teilbereich gesondert betrachtet werden kann, ist die
Liquidität und die durch sie gewährleistete Elastizität nur für
die gesamte Unternehmung zu ermitteln. Die Elastizität kennzeichnet in diesem Zusammenhang die Fähigkeit der Unternehmung, sich
unter Beachtung des Betriebszieles den sich wandelnden Bedingungen auf der Beschaffungs- und Absatzseite anzupassen (vgl. VORM-
BAUM 1976, S. 41.) Die Liquidität, die sich aus dem Verhältnis
von Einnahmen und Ausgaben ergibt, kann stets nur ein Subziel anderer Hauptunternehmungsziele sein, da nicht eine Maximierung an-
gestrebt wird, sondern stets diejenige Liquidität zu realisieren
ist, welche die Zahlungsbereitschaft eben noch gewährleistet.

Wird nun der Bereich der Distribution untersucht auf eventuell
die Liquidität der Unternehmung gefährdende Elemente, so zeigt
sich, daß in erster Linie von der Bestandshöhe der eingelagerten
Fertigwaren eine Gefährdung der Zahlungsfähigkeit zu erwarten
ist, da die in diesen Beständen gebundenen Mittel der Unterneh-

mung nicht zur unmittelbaren Disposition stehen.

Auch im Bereich der Distribution ist daher neben einer ständigen Überprüfung des Kosten/Leistungs-Verhältnisses auch eine Beobachtung der Auswirkungen auf die Unternehmensliquidität notwendig.

- Marktbezogene Rahmenbedingungen

Unternehmen sehen sich als Anbieter überwiegend einem Nachfragepolypol gegenüber (Wiederverkäufer- und Konsumentenmärkte). Auf der Anbieterseite wiederum sieht sich das Unternehmen meist dem Wettbewerb von Konkurrenten ausgesetzt. Daher sind bezüglich der Gestaltung des Distributionssystems Rahmenbedingungen von seiten der Kunden, d.h. der Nachfrage, und von seiten der Wettbewerber zu beachten.

Die Nachfragestruktur läßt sich charakterisieren durch die Kundenstruktur und die Auftragsstruktur. Die Kundenstruktur ist gegeben durch die Anzahl der Kunden und ihre Zusammensetzung bezüglich ihrer durchschnittlichen Abnahmemengen und ihrer räumlich-geographischen Verteilung. Im Falle der Wiederverkäufer- und Konsumentenmärkte kann im allgemeinen von einer flächigen Verteilung der Abnehmer über die gesamte Bundesrepublik Deutschland ausgegangen werden, mit Schwerpunkten in den bekannten Ballungsgebieten. Sofern sich nicht eine Unternehmung auf einen regionalen Markt beschränkt, ist es - insbesondere z.B. bei Markenartikelherstellern - die Aufgabe der Distribution, der so verstreuten Nachfrage mit einem adäquaten, flächendeckenden Angebot entgegenzutreten (vgl. WALDMANN 1982, S. 15 ff).

Die Aufträge (Bestellungen) der Kunden stellen direkte Anforderungen an das Distributionssystem und spiegeln in ihrer Struktur das Kundenverhalten wider. Diese Auftragsstruktur läßt sich insbesondere durch die Verteilung der Bestellmengen und der Bestellhäufigkeit charakterisieren. Die Bestellmenge bezeichnet den Umfang eines Auftrages (z.B. nach Stück, Gewicht, Volumen oder Fläche). Die Bestellhäufigkeit gibt die Anzahl der Bestellungen je Kunde in einem definierten Zeitraum an. Beide Größen variieren von Kunde zu Kunde, aber auch im Zeitablauf bezüglich jedes einzelnen Kunden. Wird, wie häufig zu beobachten ist, zunehmend versucht, die Lagerhaltung auf den Lieferanten abzuwälzen, so äußert sich dies in höheren Bestellhäufigkeiten. Der gravierende Einfluß solcher Veränderungen auf die Wirtschaftlichkeit eines Distributionssystems wurde bereits aufgezeigt. Insgesamt führt die nicht determinierbare Folge von Kundenaufträgen zu stochastischen Nachfrageschwankungen. Diese stellen hohe Anforderungen an die Leistungsfähigkeit eines Distributionssystems, das - wie bereits erläutert - entsprechende Sicherheitsbestände vorhalten muß.

Als Einfluß von seiten des Wettbewerbs ist die stetige Ausweitung der angebotenen Sortimente zu bewerten. Sie stellt eine Rahmenbedingung dar, der sich nur wenige Anbieter entziehen können. Die Aufrechterhaltung einer gleichartigen Lieferbereitschaft für eine wachsende Anzahl von Produktvarianten erfordert für jede die Vorhaltung eines entsprechenden Lagerbestandes. Bei gleichem Gesamtumsatz führt dies zwangsläufig zu einer Erhöhung des Gesamtbestandes, zu einem steigenden Anteil der Lager und Bestandhaltungskosten und damit zu höheren Gesamtkosten (vgl. MAGEE 1960, S. 90 ff.). Gleichzeitig wird oft die Lieferbereitschaft, die die Wettbewerber bieten, zur Richtgröße für diesen Absatzmarkt, der sich das einzelne Unternehmen anzupassen hat. Damit werden die Anforderungen an die Leistung eines Distributionssystems - an die Lieferbereitschaft - weitgehend vom Wettbewerb als Rahmenbedingung vorgegeben. Darüberhinaus ist die Lieferbereitschaft als wichtiges Marketinginstrument Gegenstand verkaufspolitischer Entscheidungen des Unternehmens.

Mit der Erörterung der Rahmenbedingungen von Distributionsystemen kann die Beschreibung und grundlegende Analyse dieses Untersuchungsgegenstandes insofern abgeschlossen werden, als die Voraussetzungen für die Entwicklung eines Verfahren zur kurzfristigen Wirtschaftlichkeitsanalyse und zur periodischen Überprüfung von Distributionssystemen zusammengetragen worden sind.

5. Verfahrensentwicklung

5.1 Randbedingungen

Die zunehmende Bedeutung der physischen Distribution als aktiv einsetzbares Marketinginstrument, aber auch als Bereich rapide wachsender Kostenverursachung, hat im letzten Jahrzehnt eine systematische Durchdringung dieses Unternehmensbereichs nach logistischen Gesichtspunkten stark gefördert. Neben dispositions-unterstützenden Verfahren, z.B. Tourenplanungssystemen, ist die Entwicklung zahlreicher Verfahren zur strategisch-langfristig orientierten, ganzheitlichen Analyse und Planung von Distribu-tionssystemen zu verzeichnen, die überwiegend auf komplexen Simu-lationsmodellen beruhen. Da die Mehrzahl solcher Verfahren bezüg-lich des Problemkreises, der ihre Entwicklung auslöste, maßge-schneidert wurde, ist zwangläufig ein hoher Anpassungsaufwand an andere Untersuchungsfelder notwendig. Der auch darüberhinaus notwendige große Aufwand zum Einsatz solcher Modelle und Verfah-ren läßt sie für einen kurzfristigen Einsatz ungeeignet erschei-nen.

Zur kurzfristigen und laufenden Analyse betrieblicher Abläufe haben sich in anderen Unternehmensbereichen Kennzahlensysteme bewährt. In Analogie zu diesen Bereichen bietet sich ihr Einsatz auch im Bereich der Distribution an. Aktuelle Vorschläge zum Kennzahleneinsatz in diesem Bereich beschränken sich jedoch auf vereinzelte Ansätze zur Kennzahlenbildung. Voraussetzung für die Anwendung dieses Hilfsmittels ist die Existenz einer aussagekräf-tigen Datenbasis, die in anderen betrieblichen Teilbereichen als der Distribution in der Regel in Form bekannter Kostenrechnungs-systeme vorliegt (vgl. HABERSTOCK 1977, S. 53 ff.). In den tradi-tionellen - und weitverbreiteten - Kostenrechnungssystemen werden jedoch die Kosten der Logistik - und damit auch die Distribu-tionskosten - als Gemeinkostenzuschläge verrechnet (vgl. WÖHE 1976, S. 385). Eine verursachungsgerechte Kostenzuordnung kann damit auf dieser Basis nicht geleistet werden.

JASSMANN und BODENSTEIN stellen dazu fest: "Hinzuweisen ist ... auf die fehlende Unterstützung durch das betriebliche Rechnungswesen, da Kostenrechnung und Kontenrahmen z.T. unzureichend auf logistische Anforderungen eingestellt sind" (1983, S. 6). "Ein Bezug zwischen logistischen Kosten, logistischen Funktionen und logistischen Leistungen ist damit kaum herstellbar" (BERG 1980, S. 249). Ein solcher Bezug ist jedoch unabdingbare Voraussetzung für eine gezielte Analyse der Distribution. Sie bedarf daher weiterer Datenerhebungen und -aufbereitungen.

Bei der Fremdvergabe von Transport- und Lagerhaltungsdienstleistungen an Distributionsunternehmen stellt sich ein weiteres Problem, wenn das Entgelt auf der Basis sog. Pauschalen abgerechnet wird, d.h. je Stück-, Gewichts- oder Volumeneinheit konstanten Preisen. Bezogen auf die jeweilige Produktmenge erscheinen die Distributionskosten als vollständig variable Kosten und vorgeblich unabhängig von der je Einheit zu erbringenden Distributionsleistung. Eine Erhöhung der Distributionsleistung je Produkteinheit führt jedoch zwangsläufig zu sprungartigen Anpassungen der Pauschalpreise an das veränderte Leistungsniveau. Obwohl die Verrechnung der Distributionskosten beim Auftraggeber als variable Kosten die Kalkulation erheblich vereinfacht und damit Aufwandsgesichtspunkten Rechnung trägt, verhindert sie andererseits eine direkte Verfolgung und Überwachung der Distributionskosten durch geeignete Kennzahlen.

Es mangelt daher an einem kurzfristig einsetzbaren Verfahren zur Analyse existierender Distributionssysteme, das gegebenenfalls auch zur Ableitung zweckentsprechender Reorganisationsmaßnahmen herangezogen werden kann. Dies impliziert ebenfalls eine periodische Überprüfung zur durchgehenden Kontrolle der Entwicklungen in diesem Bereich.

5.2 Verfahrenskonzept

Primäres Ziel des im Rahmen dieser Arbeit entwickelten Verfahrens ist die kurzfristig, mit relativ geringem Aufwand durchführbare Aufbereitung einer aktuellen, leistungsbezogenen Datenbasis eines Distributionssystems, die eine verursachungsgerechte, detaillierte Gegenüberstellung von Kosten und Leistungen des Distributionssystems beinhaltet und so eine gezielte Analyse des betrachteten Distributionssystems ermöglicht.

Ausgehend von betrieblich verfügbaren Fakturen, die die tatsächlich erbrachte Distributionsleistung aus der Kundensicht widerspiegeln, werden ex post die einzelnen Transport- und Lagerhaltungsvorgänge in einem Simulationsmodell nachvollzogen, d.h. der Ist-Zustand des Distributionssystems wird in einem Modell detailliert abgebildet. Die Abbildung der Vorgänge geht einher mit ihrer kostenmäßigen, leistungsabhängigen Bewertung und dem gleichzeitigen Ausweis. Die auf diese Weise retrospektiv generierten Kosten- und Leistungsdaten beinhalten die für die Analyse notwendige verursachungsgerechte Kostenzuordnung, ohne die keine Ursachenverfolgung möglich ist. Dieser Schritt wird im folgenden mit Nachkalkulation bezeichnet.

Der Aufwand für den Modelleinsatz wird durch ein automatisiertes Verfahren zur Datenaufbereitung auf ein Minimum beschränkt. Diese Datenbasis wird im nächsten Verfahrensschritt zur Berechnung von sogenannten Basiskennzahlen herangezogen, d.h. eines Kennzahlengerüstes, das keine betriebsspezifischen Besonderheiten berücksichtigt. Diese Basiskennzahlen werden dem Anwender in übersichtlicher, der Struktur des Distributionssystems entsprechenden Form ausgewiesen.

Wie bereits ausführlich dargelegt, ist ein starres, geschlossenes Kennzahlensystem nicht für die hier vorliegende Aufgabenstellung geeignet; vielmehr wird in jedem Anwendungsfall eine weitgehende Anpassung der Kennzahlenbildung an betriebliche Gegebenheiten notwendig sein.

Das Konzept sieht daher vor, den Anwender durch ein flexibles Rechenwerkzeug (Tabellenkalkulation genannt) in die Lage zu versetzen, weitere zielgerichtete, problemorientierte Kennzahlenbildungen,- verdichtungen und -berechnungen unter Vermeidung von manuellem Rechenaufwand durchführen zu können. Dazu werden die nachkalkulierten Kosten- und Leistungsgrößen dem Anwender in Tabellenform am Bildschirm zur weiteren Verarbeitung zur Verfügung gestellt. Durch Eingabe von Befehlen kann der Anwender diese

Zahlenwerte in beliebiger Form verknüpfen, summieren, gegenüberstellen, prozentuale Verteilungen berechnen, Durchschnittswerte bilden, Verhältnisgrößen bilden, etc.. Die Ergebnisse werden direkt am Bildschirm angezeigt und ermöglichen so eine fortlaufende, unmittelbare Analyse und Bearbeitung.

Darüberhinaus sieht das Konzept vor, Daten verschiedener Nachkalkulationen z.B. aus verschiedenen Perioden bei wiederholter Anwendung ohne besonderen manuellen Aufwand in übersichtlicher Form gegenüberzustellen, um so Veränderungen leicht erkennbar zu machen. Weitere besondere Merkmale des Verfahrens sind leichte Handhabbarkeit und große Flexibilität bezüglich einer Anpassung an unterschiedliche betriebliche Belange.

Das entwickelte Verfahrenskonzept sieht die im folgenden skizzierte Vorgehensweise vor:

(A) Erhebung betrieblich verfügbarer Daten des Distributionssystem; Aufbereitung der betrieblichen Fakturen als Bewegungsdaten für eine Nachkalkulation (VORLAUF).

(B) Detaillierte Nachbildung der Distributionsvorgänge anhand der Bewegungsdaten und kostenmäßige Bewertung der Vorgänge in einem Modell (Nachkalkulation).
Gleichzeitige Speicherung der Kosten- und Leistungsdaten in strukturierter Form.

(C) Standardisierte Berechnung von Basiskennzahlen auf der Basis der nachkalkulierten Daten und deren Ausweis.

(D) Individuelle Aufbereitung der Basiskennzahlen unter Berücksichtigung betriebsspezifischer Belange zur Analyse des Distributionssystems durch den Anwender mittels eines Dialog-Kalkulationsprogramms.

Die einzelnen Verfahrensschritte werden jeweils weitgehend durch EDV-Programme unterstützt, die in ein integriertes Gesamtsystem eingebunden sind.

Die Realisierung der Schritte (A), (C) und (D) erforderte die Entwicklung neuer Programmsysteme. Die Entwicklung des Modells zur Nachkalkulation (B) basiert auf dem bereits vorliegenden Simulationsmodell PHYDIS (<u>Phy</u>sische <u>Di</u>stribution) (vgl. KUNZ

1976; KUNZ 1977; MIDDELMANN 1978; BLANK 1980), dessen Realitäts-
nähe und Praktikabilität bei mehrfachen Anwendungen nachgewiesen
wurde. Das Modell wurde grundlegenden Modifikationen unterzogen,
die im nächsten Kapitel erläutert werden. Sie stellen eine Weiterentwicklung des Simulationsmodells dar. Die grundlegenden flexiblen und realitätsnahen Abbildungseigenschaften des Simulationsmodells blieben unverändert erhalten, weshalb im folgenden
der Name für dieses Modell beibehalten wird.

Die Erarbeitung der einzelnen Programmsysteme beinhaltete die
folgenden Teilschritte:

- zu (A):
  Entwurf und Realisierung eines weitestgehend automatisierten
  Aufbereitungsprogramms ("VORLAUF", vgl. Kap. 6.1) für das Simulationsmodell, um betrieblich verfügbare Daten mit geringst-
  möglichem Aufwand in eine Form zu transformieren, in der sie
  als Eingabedaten für das Simulationsmodell dienen und so die
  notwendigen Informationen für Nachkalkulationen liefern können.

- zu (B):
  Erarbeitung einer standardisierten Datenstruktur zur detaillierten und vollständigen Berechnung der relevanten Leistungs-
  und Kostendaten eines Distributionssystems bei unterschiedlichen Parameter-Konstellationen und deren vereinheitlichter
  Datenspeicherung. Grundlegende Modifikation des existierenden
  Simulationsmodells hinsichtlich der zuvor entwickelten Datenstruktur, einer Standardisierung der Berechnung von Leistungs-
  und Kostengrößen und einer geordneten, vollständigen und ein-
  heitlichen Ausgabe der Berechnungsergebnisse auf standardisierte Schnittstellen-Dateien zur Weiterverarbeitung durch nachgeordnete Programme (vgl. Kap. 6.2).

- zu (C) und (D):
  Entwurf und Realisierung eines interaktiven Dialogprogramms
  (Kalkulationsprogramm "MFCALC", vgl. Kap. 6.3) zur flexiblen,
  im freien Dialog gesteuerten oder auch als Prozedur vorprogram-
  mierten Sammlung (Zusammenfassung) und numerischen Be- und
  Verarbeitung von Datenbeständen, zum Ausdruck in Tabellenform

und in quasigraphischer Darstellung, sowie zur Erzeugung standardisierter Dateien als Informationsbasis zur automatisierten Erstellung von graphischen Darstellungen.

Entwurf und Realisierung eines Programmsystems ("GRAPH", vgl. Kap. 6.4) das eine rechnergestützte Weiterverarbeitung ausgewählter Ergebnisse zu anschaulichen Graphiken ermöglicht.

- zu (B) und (C):

Entwurf und Realisierung eines Steuerungsinstruments zur integrierten Durchführung von Nachkalkulationen, sowie zur koordinierten Speicherung, Informationsübergabe und Vorverarbeitung (Transformation) des umfangreichen Ergebnismaterials durch das flexible Kalkulationsprogramm.

Einer detaillierten Beschreibung des so umrissenen Gesamt-Konzeptes werden zunächst die Anforderungen vorangestellt, die an das Datenmaterial zu stellen sind, das für eine Analyse von der zu untersuchenden Unternehmung bereitzustellen ist.

5.3 Anforderungen an das von der Unternehmung bereitzustellende Datenmaterial

Die Kenntnis der grundlegenden Größen der vorbestimmten Lieferbereitschaft, d.h. des Verfügbarkeitsgrades und der maximalen Lieferzeit ggfs. je Produkt, wird im folgenden vorausgesetzt. Die Abbildung eines bestehenden Distributionssystems in einem Modell zur Nachkalkulation erfordert - als Voraussetzung für eine Analyse und ggf. eine Einleitung von Reorganisationsmaßnahmen - die Erhebung einer Reihe von Struktur- und Strategiedaten sowie von grundlegenden Kosten- und Bewegungsdaten des Ist-Zustandes.

Die Anforderungen an Inhalt und Qualität dieser Daten und Möglichkeiten ihrer Erhebung werden im folgenden erläutert.

5.3.1 Struktur und Strategiedaten

Strukturdaten lassen sich relativ leicht durch die Auswertung betrieblicher Informationsquellen ermitteln. So existieren meist

Organisationspläne des Distributionssystems, denen der Aufbau des Distributionssystems, d.h. die Anzahl der Lagerstufen und Läger sowie ihre hierarchische Einordnung entnommen werden kann, und Transportpläne, welche Angaben zu Entfernungen und spezifischen Eigenschaften und Restriktionen der eingesetzten Transportmittel enthalten.

Bei mehreren Produktionsstätten dient oft ein Zentrallager dem Sortimentsausgleich. Diesem sind ggfs. mehrere dezentrale Auslieferungsläger nachgeordnet. Für Strukturveränderungen gilt dabei ein Lager in Berlin meist als nicht disponibel, da aufgrund der exponierten und isolierten Lage Berlins die Wahrnehmung der Auslieferfunktion durch ein außerhalb Berlins – im Bereich der Bundesrepublik Deutschland – gelegenes Auslieferungslager nicht sinnvoll realisierbar erscheint. Damit läge z.B. ein dreistufiges Distributionssystem vor. Die folgenden Erläuterungen beschränken sich exemplarisch auf diesen Fall, da dieser als typisch anzusehen ist.

Eine Lagerdatei gibt in der Regel in räumlich-geographischer Hinsicht Auskunft über die Lagerstandorte, ggfs. auch über eventuelle Kapazitätsbeschränkungen und über die Belastungsgrößen einzelner Läger sowie über die Einteilung der Liefergebiete der Läger. Hier sei angemerkt, daß die Einteilung der Liefergebiete sich ebenfalls anhand der Fakturen erheben läßt, die meist den Index des ausliefernden Lagers enthalten. Kundendateien können zur Bestimmung von Lage- und Entfernungsdaten der Kundenstandorte herangezogen werden.

Die Fächerung des Sortiments ergibt sich aus einer Artikelstammdatei (Erzeugnisstammdatei), in der oft durch entsprechende Indizes die Herkunft der Artikel bezüglich der Produktionsstätte gekennzeichnet ist. Dieser Datei ist darüberhinaus i.d.R. der Artikelpreis, das Gewicht je Einheit und der Lagerplatzbedarf zu entnehmen. Derartige Dateien sind überwiegend auf maschinenlesbaren Datenträgern verfügbar. Desweiteren ist für alle Lagerstufen die ggfs. differenzierte Sortimentierung der Läger zu erheben.

Die Bestimmung der _Strategieparameter_ eines Distributionssystems gestaltet sich oft schwieriger, da erfahrungsgemäß nicht immer verbindliche Entscheidungsregeln fixiert sind, sondern Entscheidungen in diesem Bereich sehr häufig mit "Fingerspitzengefühl" getroffen werden. In diesem Fall ist eine Erhebung des Ist-Zustandes nur durch Befragung der entscheidungsbefugten Personen bezüglich ihrer "internen Entscheidungstabelle" möglich. Diese Einzelbefragungen sind daraufhin zu einer für das gesamte Distributionssystem als repräsentativ anzusehenden Strategie zu verdichten, wenngleich derartige Zusammenfassungen im Sinne einer Vereinheitlichung stets mit nicht vermeidbaren Fehlern behaftet sind. Andererseits ist damit eine Art Plausibilitäts- und Konsistenz-Prüfung der Organisation des Unternehmens in diesem Funktionsbereich verbunden. "Die Struktur des Systems wird deutlicher. Der auf einer grundlichen Analyse beruhende Struktureffekt der quanitativen Methoden ist einer ihrer größten Vorteile" (PFOHL 1972, S. 174).

Eine anschließende Analyse der auf diese Art und Weise gewonnenen Strategieparameter hat mit großer Sorgfalt zu erfolgen, um mögliche Fehlinterpretationen auszuschließen. Zu den Lösungsverfahren der Aggregierung von Befragungsergebnissen sei an dieser Stelle auf die in der einschlägigen Marktforschungs-Literatur beschriebenen Konzeptionen verwiesen. (Zu den Methoden der Informationsauswertung vgl. BIDLINGMAIER 1973, S. 330 ff.; MEFFERT 1977, S. 176 ff.).

Im Rahmen der Lagerhaltungsstrategie werden die Modalitäten der Beschickung des Zentrallagers, z.B. Belieferung je nach Produktionsanfall mit voll ausgelasteten Transportmitteln, und der Belieferung der Auslieferungsläger vom Zentrallager aus, z.B. periodische Nachlieferungen, erhoben. Darüberhinaus ist festzustellen, in welchem Ausmaß auf den verschiedenen Lagerstufen Aufgaben der Kommissionierung, d.h. der Vereinzelung der Ware und Zusammenstellung zu Kundenlieferungen, wahrgenommen werden.

Neben der Lagerhaltungsstrategie sind im Rahmen der Lieferstrategie allgemeine, z.B. gewichtsabhängige (Kunden- und Lager-) Direktbelieferungskriterien und ggfs. Mindestauftragsgrößen -

oder ein für den Kunden kostenpflichtiger Frachtzuschlag - für Klein- und Kleinstsendungen zu erfassen.

5.3.2 Kostendaten

Die notwendigen Angaben zu den Bestandhaltungskosten beschränken sich meist auf den Bestandsbewertungspreis je Produkt und den unternehmensinternen Zinsfuß zur Kapitalverzinsung. Gegebenenfalls sind mengenabhängige Versicherungsprämien, anteilige Steuern (z.B. Branntweinsteuer, Leuchtmittelsteuer) usw., zu erfassen und in die Berechnung mit einzubeziehen.

Die verfügbaren Angaben zu den Lagerhaltungskosten und den Transportkosten differieren je nach eigener oder fremder Leistungserbringung.

Im Vordergrund der Erhebung steht die Bestimmung von leistungsabhängigen Kostenfunktionen, um eine verursachungsgerechte Kostenzuordnung zu gewährleisten. In Anbetracht der Zielsetzung - eine Analyse des Distributionssystems zu ermöglichen - wäre es nicht sinnvoll z.B. rein mengenabhängige Verrechnungssätze zu erheben und abzubilden, da sie wiederum nur zu einer pauschalen Kostenverteilung ohne eigentliche Leistungsabhängigkeit führen.

Im Bereich der Transportkosten kann eine weitgehend verursachungsgerechte Leistungsbewertung durch Heranziehung der schon erwähnten verbreiteten Tarifwerke erfolgen. Sie ist ohnehin bei einer entsprechenden Fremdvergabe der Dienstleistung und der Vereinbarung von Einzelabrechnungen mit dem Spediteur vorgegeben. Aber auch in Fällen eines pauschalierten Abrechnungsmodus mit Spediteuren empfiehlt sich aus o.g. Gründen eine Berechnung auf Tarifbasis.

Entsprechendes gilt für die Transportkostenberechnung bei unternehmenseigenem Fuhrpark, da auch hier in der Kostenrechnung meist nur summarische Kosten ohne Leistungsbezug ausgewiesen sind. Auf die Kalkulation von Einzelfahrten wird nicht zuletzt aus Aufwandsgründen verzichtet. In beiden Fällen ergibt sich mit der Nachkalkulation ein relativer Maßstab für die Wirtschaftlichkeit

des eigenen Fuhrparks, resp. der Angemessenheit der Pauschalver-
einbarung mit dem Spediteur (vgl. KUNZ 1976, S. 31 f.).

Für die Erhebung der Lagerhaltungskosten wurden die Möglichkeiten
einer analytischen oder empirischen Vorgehensweise bereits erörtert. Bei unternehmenseigener Lagerhaltung kann in der Regel
auf Unterlagen der Kostenrechnung und Auftragsarchive zurückge-
griffen werden, um anhand von Erfahrungswerten oder auch einer
Regressionsrechnung den Zusammenhang zwischen Kosten und Leistungsgrößen explizit zu bestimmen. Bei Inanspruchnahme von Spediteuren und Speditionslägern, die meist eine Pauschalverein-
barung der Kostenberechnung beinhaltet, empfiehlt sich ebenfalls
die Ermittlung von Kostensätzen anhand der empirischen Vorgehensweise.

5.3.3 Bewegungsdaten

Die Leistung eines Distributionssytems läßt sich anhand der Bewegungsdaten bestimmen, die aufzeigen, wann welcher Kunde eine
Bestellung welcher Produkte aufgegeben hat. Zweckentsprechende
Informationen sind in den Fakturen eines Unternehmens enthalten,
die meist in maschinell lesbarer Form verfügbar sind. Sie spiegeln die tatsächlich durchgeführten Transportvorgänge und die
notwendigen Lagervorgänge unmittelbar wider. Die Fakturen müssen
mindestens beinhalten:
- die Kundennummer,
- die Postleitzahl des Kundenstandortes,
- die Lieferschein-Nummer,
- das Datum der Auslieferung (oder das der Bestellung)
- die Nummer der Artikelgruppe bzw. die Artikelnummer
- die ausgelieferte Menge und
- die Postleitzahl oder den Index des ausliefernden Lagers.

In Fällen jedoch, in denen ein großer Teil der eingegangenen
Aufträge nicht - oder nicht vollständig - innerhalb der geforderten Lieferzeit ausgeführt werden konnte, kann die Heranziehung
von Fakturen als Leistungsprotokoll zu Fehlinterpretationen führen, da diese nicht befriedigten Bestellungen der Kunden nicht
fakturiert werden. Die tatsächlichen Anforderungen an das Distri-

butionssystem sind dann in den Fakturen nicht vollständig enthalten. Hier empfiehlt sich die Heranziehung der Auftragsdatei, da sie in diesen Fällen die realen Anforderungen des Marktes besser widergibt.

Gutschriften und Retouren können bei diesen Betrachtungen unberücksichtigt bleiben, da die Auslieferung der zugehörigen Ware tatsächlich zunächst erfolgte und sie damit eine Leistung des Distributionssystems darstellt. Weiterhin ist die Anzahl und der Umfang von Retouren und Gutschriften nicht direkt durch Änderungen des Distributionssystems beeinflußbar, so daß auch für zukünftige Systemkonzeptionen eine Beachtung solcher Stornierungen nicht sinnvoll erscheint.

Die Bewegungsdaten (Fakturen) enthalten in der Regel die Angabe, von welchem Lager die Belieferung ausging. Diese Angabe kann - wie schon erwähnt - zur automatisierten Bestimmung der Lieferbezirke genutzt werden, wie sie später erörtert wird.

6. Verfahrensrealisierung

Das Konzept des Verfahrens zur kennzahlengestützten Analyse und Reorganisation wurde in fünf Programmsystemen realisiert, deren Verknüpfung schematisch in Abbildung 2 dargestellt ist.

Nach einer Erläuterung der wesentlichen Eigenschaften der einzelnen Programmsysteme werden exemplarisch ausgewählte Basiskennzahlen dargestellt.

6.1 Datenaufbereitung

Das Programmsystem VORLAUF hat die Aufgabe, die erhobenen Bewegungs- und Strukturdaten des untersuchten Distributionssystems, wie sie vom Unternehmen übergeben werden, in einer geeigneten Form so aufzubereiten, daß diese Daten als Eingabe vom Programmsystem zur Nachkalkulation weiterverarbeitet werden können. Übernommen werden so die Fakturendatei, die Lagerdatei und die Artikelstammdatei. Aus Aufwandsgründen sollten die vom Unternehmen bereitgestellten Daten in maschinenlesbarer und portabler Form, z.B. auf Magnetband oder Diskette, vorliegen.

Nach einer Anpassung des Eingabeteils an das vorgegebene Datenformat der fremden Dateien werden die Fakturen zunächst verschiedenen Plausibilitätsprüfungen unterzogen, wie Prüfung auf Zulässigkeit des Datums und der Postleitzahl des Kundenstandortes. Darüberhinaus ist ein Vergleich der Artikelnummern mit der Artikelstammdatei vorgesehen, um ggfs. ausgelaufene Artikel, etc. zu erkennen. Bei einer großen Artikelvielfalt wird gleichzeitig eine Zusammenfassung der unterschiedlichen Artikel zu Artikelgruppen vorgenommen, ggfs. ergänzt durch die Kennzeichnung eine ABC-Klassifizierung bei selektiver Lagerhaltung (vgl. BLANK 1980, S. 85).

Bei einer Zusammenfassung von Artikeln zu Gruppen - die vom Anwender nach Kriterien wie Gleichartigkeit der Artikel, etc. manuell vorzugeben ist - erfolgt gleichzeitig eine Berechnung der Durchschnittspreise und -mengen (-volumen) dieser Gruppen, um

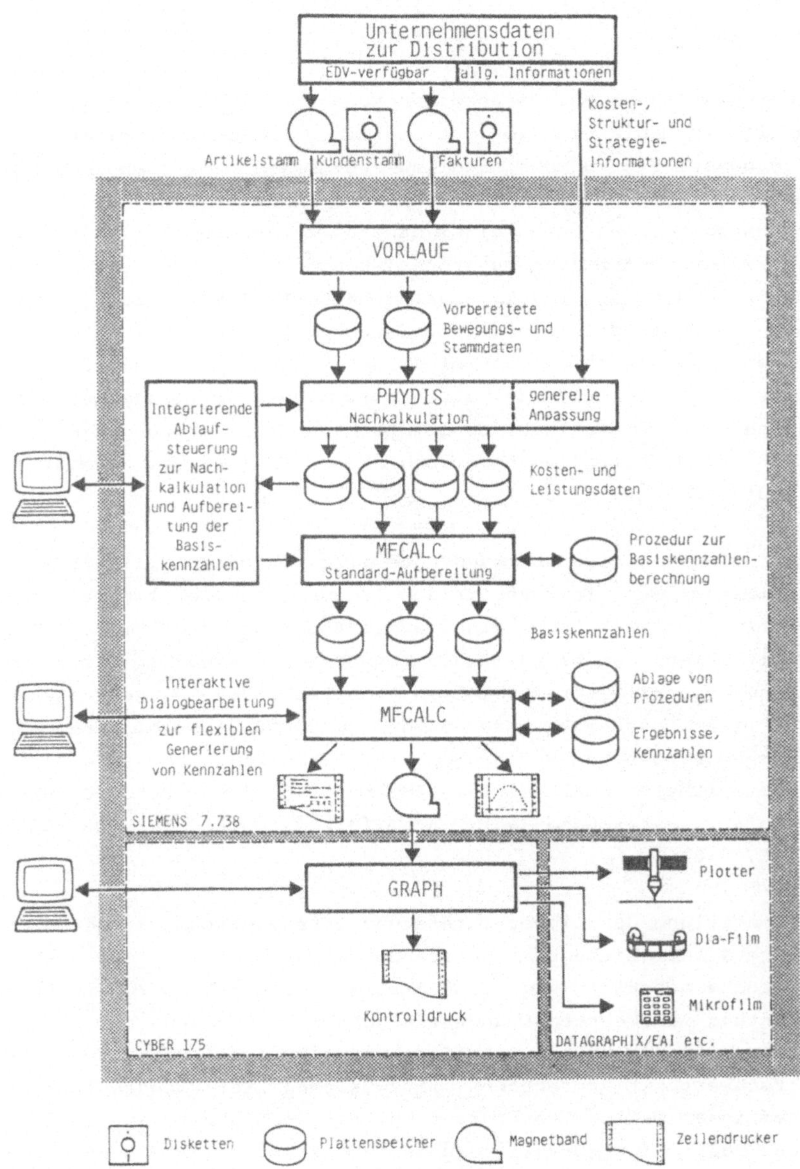

Abb. 2:   Ablaufstruktur des konzipierten Gesamtverfahrens

eine korrekte Bewertung von Beständen und Transportgewichten
(- volumen) durch das Simulationsmodell zu gewährleisten.

Bei der Festlegung des heranzuziehenden Vergangenheitszeitraumes
kann in Abhängigkeit von den spezifischen Besonderheiten des
Nachfrageverlaufs unterschiedlich vorgegangen werden. Da die
Nachfrage meist saisonale Schwankungen aufweist, hat sich die
Betrachtung der Fakturen eines ganzen Jahres bewährt. Andererseits werden durch eine zu große Fakturenanzahl Aufwandsgrenzen
in der Anwendung des Modells zur Nachkalkulation erreicht, da sie
nahezu proportional in die benötigten Rechenzeiten eingeht. Zur
Beschränkung der Anzahl auf ein praktikables Maß wurde ein Pro-
grammteil realisiert, der stochastisch aus der Gesamtheit der
Fakturen eine Auswahl in der gewünschten Größenordnung (maximal
ca. 20 000 Fakturen) vornimmt und diese auf ihre Repräsentativi-
tät prüft.

Aus programmtechnischen Gründen des Simulationsmodells wird das
Bestelldatum der Fakturen in das Datum eines Betriebskalenders
übersetzt. Danach erfolgt eine Verdichtung der durch vierstellige
Postleitzahlen gegebenen Kundenstandorte zu sog. Absatzschwer-
punkten, die mit dreistelligen Postleitzahlen gekennzeichnet
sind. Diese Gebiete entsprechen den rund 500 Postleitbereichen.
Nach den vorliegenden Erfahrungen ist diese eingeschränkte Abbildungsgenauigkeit der Nachfrage für das Gebiet der Bundesrepublik
Deutschland ausreichend (vgl. KUNZ 1976, S. 61 f.; OPPENAUER
1978, S. 218).

Die Einteilung der Liefergebiete und ihre Zuordnung zu den durch
die Lagerdatei gegebenen Lagerstandorten erfolgt in einem weiteren Programmschritt. Da ein Absatzschwerpunkt, der durch die
Verdichtung von mehreren Kundenstandorten entstanden ist, ggfs.
von verschiedenen Lägern beliefert werden konnte, wird für jeden
Absatzschwerpunkt berechnet, mit welchen Liefermengen er von
welchem Lager beliefert wurde. Diese Mehrdeutigkeit kann im Simulationsmodell aus Strukturgründen nicht abgebildet werden. Es
erfolgt daher eine eindeutige Zuordnung eines Absatzschwerpunktes
zu dem Lager mit dem mengenmäßig größten Belieferungsumfang. Aus
der Zuordnung der Absatzschwerpunkte zu den Lägern ergibt sich

implizit die Einteilung der Lieferbezirke. Durch die automatisierte Bestimmung der Lieferbezirke erübrigen sich aufwendige manuelle Anpassungen entsprechender Eingabedateien.

Im letzten Programmschritt werden die modifizierten Fakturendateien mit den Daten der Lagerdatei so vervollständigt, daß der Informationsinhalt der Datei neben den Kundenbestellungen die vollständige Struktur des Distributionssystems über alle Lagerstufen umfaßt. Diese Datei wird im folgenden mit Auftragsdatei bezeichnet und dient dem Simulationsmodell als Eingabedatei.

Darüberhinaus wird die bereits erwähnte Artikelstammdatei als Eingabe für das Simulationsmodell benötigt, das ihr zur korrekten Bewertung von Transport- und Lagervorgängen Angaben wie den Artikelpreis, die liefernde Produktionsstätte, das Artikelgewicht (-volumen) und die ABC-Klassifizierung des Artikels entnimmt.

Das realisierte Verfahren zur Aufbereitung des fallweise unterschiedlichen Datenmaterials zeichnet sich dadurch aus, daß einerseits überwiegend auf Datenbestände zugegriffen wird, die ohnehin in maschinenlesbarer Form betrieblich verfügbar sind, andererseits die weitgehende Automatisierung eine schnelle und kostengünstige Aufbereitung und Anpassung der Daten für das bestehende Programmsystem zur Nachkalkulation ermöglicht.

6.2 <u>Nachkalkulation</u>

Zunächst sind Struktur- und Strategiedaten sowie grundlegende Kosten- und Leistungsdaten des zu untersuchenden Distributionssystems - ggfs. durch Befragung - zu ermitteln. Dies sind im wesentlichen :

- Anzahl der Lagerstufen,
- Standorte der Werks- und Auslieferungsläger sowie des Zentrallagers,
- Zinsfuß zur Berechnung der Bestandhaltungskosten,
- angewendete Transporttarife,
- Direktbelieferungskriterien,

- Mindesthöhe der Sicherheitsbestände resp. Verfügbarkeitsgrad
  (ggfs. Artikelgruppen-spezifisch)   und
- Nachlieferrhythmen.

Nach Eingabe der entsprechenden Parameter des Systems erfolgt die
Abbildung des Warenstromes für den zu betrachtenden Vergangen-
heitszeitraum mittels eines Verfahrens zur automatisierten Nachkalkulation, das eine Weiterentwicklung des Simulationsmodells
PHYDIS darstellt (vgl. KUNZ 1976, MIDDELMANN 1978; BLANK 1980).

Für die Zwecke der Nachkalkulation wurde dieses Simulationsmodell
zwar in seiner Grundstruktur - bestehend aus drei Hauptmodulen
und ihrer Verknüpfung - unverändert belassen (vgl. BLANK 1980,
S. 104 f.), jedoch bezüglich des Kosten- und Leistungsnachweises
der abgebildeten Distributionsvorgänge wesentlich modifiziert.

Der Ablauf einer Nachkalkulation sei kurz skizziert. Das Modul
"Initialisierung" nimmt eine erstmalige Bearbeitung der Auftragsdatei vor. Es generiert aus den Auftragsdaten der Kunden (d.h.
den durch "VORLAUF" modifizierten Kundenfakturen) unter Berücksichtigung der Strategieparameter (Direktbelieferungskriterien,
Lagersortimentierung) entsprechende Lieferaufträge für die betroffenen Läger.

Das Modul "Kosten" führt auf der Basis dieser Lieferaufträge die
Simulation der Kunden- und Lagerbelieferungen, der Bestandsbewe-
gungen etc. sowie ihre kostenmäßige Bewertung anhand beliebig
differenzierter Kostenfunktionen durch. Gegebenfalls werden hier
weitere Strategieparameter (Nachliefermodus, Mindestauftragsgröße) berücksichtigt.

Zur Abbildung der Distributionskosten, insbesondere ihrer funktionalen Abhängigkeit von den verschiedenen Leistungsgrößen,
bedarf es der expliziten Programmierung der entsprechenden Be-
rechnungsformeln, die vorher explizit und unternehmensspezifisch
erhoben wurden. Auf diese Art und Weise kann sichergestellt werden, daß die tatsächlichen Kostenfunktionen ohne Vereinfachungen
oder sonstige Einschränkungen in nahezu beliebiger Komplexität
realitätsgetreu abgebildet werden können. Darüberhinaus ermög-

licht die offene Programmstruktur den Einbau struktureller oder strategischer Besonderheiten des abzubildenden Distributions- systems, wie auch die Berücksichtigung der Rahmenbedingungen der Distribution (vgl. BLANK 1980, S. 88 ff.).

Um die Transportleistungen realitätsnah und leistungsabhängig zu bewerten, werden bei der Nachrechnung nicht die pauschalen Ver- rechnungssätze des realen Distributionssystems berechnet. Eine Nachkalkulation anhand von Voll- oder Teilpauschalen wäre über- dies nicht sinnvoll, da diese Berechnungsart, wie oben bereits angeführt, keine leistungsabhängige Kostenzuordnung zuläßt. Hier können je nach Gültigkeitsbereich die Frachttarife, z.B. der Reichskraftwagentarif (BmV - RKT, 1975) oder der Sammelladungs- tarif (BSL 1981), zur Transportkostenberechnung herangezogen werden. Beliebige andere Tarife sind implementierbar.

Das dritte Modul "Segmentierung" dient iterativen Strukturverän- derung des Distributionssystems und wird im Rahmen der Nachkalku- lation nicht verwendet (vgl. dazu auch BLANK 1980, S. 104 ff.).

Die Modifikation des Simulationsmodells erstreckt sich haupt- sächlich auf das Modul "Kosten". Die vorhandene Ausgabe der be- rechneten Kosten- und Leistungsdaten in aufgelisteter Form, die in Abhängigkeit vom Simulationsverlauf während des Programmlaufs erfolgt, wurde ergänzt durch eine strukturierte Erfassung der Kosten- und Leistungsdaten in übersichtlichen Datentabellen (Ma- trizenform). Zur maschinellen Datenübergabe an das später darge- stellte Kalkulationsprogramm MFCALC werden diese Datentabellen zum Ende eines Simulationslaufes in einer standardisierten Form in drei jeweils eindeutig identifizierbaren Dateien abgespei- chert.

Es sind dies die Absatzschwerpunktdatei, die Lagerauswertungsda- tei und die Gesamtauswertungsdatei. Jede Datei enthält alle Anga- ben zur Kennzeichnung der in ihr gespeicherten Zahlenwerte in Form von vollständigen Zeilen- und Spaltenbeschriftungen. In den vom erzeugenden Simulationsprogramm losgelösten Tabellen kann so jedem Zahlenwert eindeutig sein Informationsgehalt zugeordnet werden. Darüberhinaus enthält jede Datei identifizierende Angaben zu dem Simulationslauf, der sie erzeugte.

Die **Absatzschwerpunktdatei** enthält originäre Daten zur Beschreibung eines jeden Absatzschwerpunktes. Ein Absatzschwerpunkt ist - wie bereits ausgeführt wurde - die nach räumlichen Kriterien erfolgte Zusammenfassung diverser Kundenstandorte in einem Punkt. Alle Bestellungen und Lieferungen an die einzelnen Kunden eines Absatzschwerpunktes werden räumlich diesem Punkt zugeordnet. In der Absatzschwerpunktdatei werden für jeden abgebildeten Absatzschwerpunkt beschreibende Daten (z.B. Anzahl Kunden im Absatzschwerpunkt) sowie Kosten und Leistungsdaten angewiesen.

Tabelle 2 zeigt beispielhaft einen Auszug aus der Absatzschwerpunktdatei, wie diese und auch die nachfolgenden Auszüge im Rahmen der exemplarischen Anwendung des Verfahrens mit dem Kalkulationsprogramm MFCALC als Listen erzeugt wurden. In Tabelle 3 ist eine Beschreibung der Spaltenkurzbezeichnungen gegeben, wie sie ebenfalls in der Absatzschwerpunktdatei enthalten ist, aus Platzgründen jedoch nicht vollständig ausgegeben werden kann.

Die **Lagerauswertungsdatei** beschreibt in summarischer Form die von jedem Lager erbrachten Leistungen und die damit verbundenen Kosten, sowie ebenfalls beschreibende Daten. Für jedes Lager wird eine Zeile ausgeben. Einen exemplarischen Auszug und die Legende zeigen die Tabellen 4 und 5.

Die **Gesamtauswertungsdatei** beschreibt schließlich in komprimierter Form die einzelnen Lagerstufen. Sie stellt eine Zusammenfassung der Daten über einzelne Auslieferungsläger, Zentrallager und Werksläger dar. Die Berücksichtung von Regionallägern ist prinzipiell vorgesehen, im gegebenen Beispiel jedoch nicht durchgeführt (Tabelle 6 und 7). Jede Lagerstufe wird repräsentiert durch eine Tabellenzeile.

Zu Dokumentationszwecken wird bei jedem Programmlauf eine **Identifikationsdatei** angelegt, die die aktuelle Parameterkonstellation des abgebildeten Systemzustands enthält. Diese vier Dateien stellen eine umfassende Eingabe- und Ergebnisdokumentation jeweils eines Simulations-, resp. Nachkalkulationslaufes dar.

```
*************** F C A L C  VERSION  4.1 HGS  ------ AACHEN ------ FORSCHUNGSINSTITUT FUER RATIONALISIERUNG ****************
*
* DATENDATEINAME    : Y.NACHKALK.AS.1                                      DATEIDATUM : 12/03/84
* DATEIBESCHREIBUNG : ORIGINAERE KOSTEN- UND LEISTUNGSDATEN DER ABSATZSCHWERPUNKTE
*
***************
*
* LISTENBESCHREIBUNG :AUSWERTUNG DER ABSATZSCHWERPUNKTE                     LISTENDATUM : 24/05/84          SEITE : 1
```

	1	2	3	4	5	6	7	8	9	10
	AS	XKO	YKO	L.IND	ENTF.	DROPS	KD	G.GEW	TR	SP.KO
1	1.000	36.000	391.000	103.000	86.250	4.000	4.000	468.226	68.544	0.146
2	2.000	27.000	426.000	103.000	97.535	1.000	1.000	108.354	26.316	0.243
3	3.000	-21.000	476.000	103.000	182.447	2.000	1.000	122.248	43.315	0.354
4	4.000	98.000	409.000	103.000	1.000	34.000	19.000	7529.742	826.418	0.110
5	5.000	115.000	394.000	103.000	30.289	3.000	1.000	881.316	105.985	0.120
6	6.000	86.000	377.000	103.000	45.658	17.000	11.000	3681.729	551.232	0.150
7	7.000	66.000	401.000	103.000	44.067	9.000	5.000	1748.672	275.068	0.157
8	8.000	62.000	429.000	103.000	55.019	4.000	4.000	666.712	116.830	0.175
9	9.000	52.000	459.000	103.000	90.767	12.000	7.000	2066.155	441.174	0.220
10	10.000	124.000	393.000	103.000	40.785	2.000	1.000	635.032	91.639	0.134
11	11.000	138.000	390.000	103.000	59.161	4.000	2.000	570.617	105.580	0.185
12	12.000	143.000	412.000	103.000	60.252	6.000	2.000	1465.017	218.259	0.149
13	13.000	94.000	333.000	106.000	1.000	102.000	66.000	16885.098	2589.517	0.153
14	14.000	110.000	314.000	106.000	33.185	4.000	3.000	1235.852	162.824	0.132
15	15.000	74.000	341.000	106.000	28.778	8.000	5.000	936.196	191.934	0.205
16	16.000	101.000	369.000	106.000	33.399	1.000	1.000	85.318	16.044	0.188
17	17.000	94.000	311.000	106.000	29.391	6.000	4.000	954.278	141.298	0.148
18	18.000	117.000	288.000	106.000	67.516	7.000	6.000	1142.149	216.052	0.189
19	19.000	69.000	320.000	106.000	37.645	1.000	1.000	94.460	16.528	0.175
20	20.000	62.000	344.000	106.000	45.206	3.000	1.000	427.866	75.842	0.177
21	21.000	57.000	372.000	106.000	71.820	2.000	2.000	57.849	36.478	0.631
22	22.000	109.000	374.000	106.000	58.325	2.000	1.000	277.273	50.228	0.181
23	23.000	129.000	361.000	106.000	59.881	18.000	10.000	3973.892	773.395	0.195
24	24.000	79.000	259.000	106.000	100.672	1.000	1.000	17.444	16.898	0.969
25	25.000	126.000	257.000	106.000	110.167	4.000	3.000	1261.766	234.305	0.186
26	26.000	162.000	258.000	106.000	135.250	1.000	1.000	85.318	21.617	0.253
27	27.000	52.000	276.000	108.000	45.599	4.000	3.000	806.688	121.010	0.150
28	29.000	40.000	343.000	108.000	90.413	1.000	1.000	30.562	15.[illegible]	0.498
29	30.000	0.000	356.000	108.000	105.643	7.000	2.000	[illegible]	[illegible]	[illegible]
30	31.000	18.000	279.000	108.000	1.000	40.000	[illegible]	[illegible]	[illegible]	[illegible]
	32.000	-2.000	289.000	108.000	29.873					
	33.000	9.000	254.000	108.000	35.[illegible]					
	[illegible]	2.000	322.000	108.000						

Tab. 2: Beispielhafter Auszug aus einer Absatzschwerpunktdatei (Legende in Tab. 3)

Nr	Ken-nung	Bezeichnung
1	AS	LFD. NR. DES ABSATZSCHWERPUNKTES
2	XKO	X-KOORDINATE DES ABSATZSCHWERPUNKTES
3	YKO	Y-KOORDINATE DES ABSATZSCHWERPUNKTES
4	L.IND	INDEX DES BELIEFERNDEN LAGERS
5	ENTF.	ENTFERNUNG ZUM BELIEFERNDEN LAGER IN KM
6	DROPS	ANZ. LIEFERUNGEN AN DIESEN ABSATZSCHWERPUNKT
7	KD	ANZ. KUNDEN IN DIESEM ABSATZSCHWERPUNKT
8	G.GEW	GESAMTGEWICHT DER LIEFERUNGEN AN DEN ABSATZSCHWERPUNKT
9	TR	SUMME DER TRANSPORTKOSTEN IN DM
10	SP.KO	SPEZIFISCHE TRANSPORTKOSTEN DIESES ABSATZSCHWERPUNKTES IN DM/KG

__Tab. 3:__   Legende der Spaltenbezeichnungen einer Absatzschwerpunktdatei

Eine individuelle, programmgesteuerte Dateinamenvergabe ermöglicht eine Archivierung der Daten verschiedener Modellrechnungen,
wie sie z.B. bei einer periodischen Anwendung der Nachkalkulation
durchgeführt werden.

Die in den Datentabellen ausgewiesenen Größen werden im folgenden
kurz umrissen.

6.2.1 __Leistungsgrößen__

Die Leistungen eines Distributionssystems sind die innerhalb
einer Periode erbrachten "Arbeitseinheiten", welche es zu leisten
galt, um eine bestimmte Warenmenge vom Werks- oder Zentrallager
zum Kunden zu befördern. Diese Leistungen, die im folgenden
analysiert und quantifiziert werden, sind
- Transportleistungen
- Lagerhaltungsleistungen
- Auftragsabwicklungsleistungen.

In welchem Maße diese Leistungen zu erbringen sind, läßt sich am
besten durch eine Abbildung des Warenflusses über die einzelnen
Stufen des Distributionssystems ermitteln.

```
*************** M F C A L C   VERSION   4.1 HCS   ------ AACHEN ------ FORSCHUNGSINSTITUT FUER RATIONALISIERUNG ******************
* DATENDATEINAME     : Y.NACHKALK.AL.A01                              DATEIDATUM : 12/03/84
* DATEIBESCHREIBUNG  : ORIGINAERE KOSTEN- UND LEISTUNGSDATEN DER AUSLIEFERUNGSLAEGER
**************************************************************************************************************************
* LISTENBESCHREIBUNG :AUSWERTUNG DER AUSLIEFERUNGSLAEGER              LISTENDATUM : 24/05/84 SEITE: 1     BAHN : 1
**************************************************************************************************************************
```

	1 AS-ANZ	2 GW TONS	3 SG TONS	4 TK >KD	5 TK WL>	6 TK ZL>	7 TK RL>	8 GW >KD	9 GW WL>	10 GW ZL>	11 GW >LG	12 GW >>>
3 KIEL	12.	4.75	14.24	2870.43	0.00	9728.83	0.00	19933.72	0.00	19933.84	0.00	19933.72
6 HAMBURG	14.	6.53	19.60	4542.96	0.00	8933.72	0.00	27436.68	0.00	27436.93	0.00	27436.68
8 BREMEN	18.	5.49	16.47	3932.46	0.00	7980.44	0.00	23057.50	0.00	23057.68	0.00	23057.50
9 BERLIN	1.	8.93	26.78	6483.84	0.00	9430.27	0.00	37490.02	0.00	37490.31	0.00	37490.02
13 HANNOVER	9.	6.46	19.37	3881.93	0.00	7127.73	0.00	27123.00	0.00	27123.21	0.00	27123.00
	7.	2.24	6.71	1205.61	0.00							

```
*************** M F C A L C   VERSION   4.1 HGS   ------ AACHEN ------ FORSCHUNGSINSTITUT FUER RATIONALISIERUNG ******************
* DATENDATEINAME     : Y.NACHKALK.AL.A01                              DATEIDATUM : 12/03/84
* DATEIBESCHREIBUNG  : ORIGINAERE KOSTEN- UND LEISTUNGSDATEN DER AUSLIEFERUNGSLAEGER
**************************************************************************************************************************
* LISTENBESCHREIBUNG :AUSWERTUNG DER AUSLIEFERUNGSLAEGER              LISTENDATUM : 24/05/84 SEITE: 1     BAHN : 2
**************************************************************************************************************************
```

	13 GW RL>	14 AK LG	15 KK LG	16 LK LG	17 UM KD	18 UM NL	19 KD-ANZ	20 NL WL>	21 NL ZL>	22 NL SUM	23 POS KD	24 POS LA
3 KIEL	0.00	0.00	299.34	653.35	61411.25	0.00	58.00	0.00	4.00	4.00	141.00	0.00
6 HAMBURG	0.00	0.00	484.57	899.27	99410.19	0.00	105.00	0.00	4.00	4.00	218.00	0.00
8 BREMEN	0.00	0.00	350.11	755.74	71825.75	0.00	72.00	0.00	4.00	4.00	230.00	0.00
9 BERLIN	0.00	0.00	509.23	1228.78	104470.06	0.00	79.00	0.00	4.00	4.00	385.00	0.00
13 HANNOVER	0.00	0.00	458.15	888.99	93989.94	0.00	69.00	0.00	4.00	4.00	211.00	0.00
	0.04	0.00	140.25	307.94	28723.43							

<u>Tab. 4:</u> Beispielhafter Auszug aus einer Lagerauswertungsdatei
(Legende in Tabelle 5)

Nr	Ken- nung	Bezeichnung
1	AS-ANZ	ABSATZSCHWERPUNKTE-ANZAHL
2	GB TONS	GRUNDBESTAND IN TONNEN
3	SB TONS	SICHERHEITSBESTAND IN TONNEN
4	TK >KD	TRANSPORTKOSTEN DES LAGERS D. KD - AUSLIEFERUNG IN DEM
5	TK WL>	TRANSPORTKOSTEN DES LAGERS D. NACHLF VOM WL IN DM
6	TK ZL>	TRANSPORTKOSTEN DES LAGERS D. NACHLF VOM ZL IN DEM
7	TK RL>	TRANSPORTKOSTEN DES LAGERS D. NACHLF VOM RL IN DM
8	GW >KD	GEWICHT DER LIEFERUNGEN DES LAGERS AN KUNDEN IN TONNEN
9	GW WL>	GEWICHT DER NACHLF VOM WL AN DAS LAGER IN TONNEN
10	GW ZL>	GEWICHT DER NACHLF VOM ZL AN DAS LAGER IN TONNEN
11	GW >LG	GEWICHT DER NACHLF DIESES LAGERS AN ANDERE LA IN TONNEN
12	GW >>>	GESAMTGEWICHT DER LIEFERUNGEN AB DEM LAGER IN TONNEN
13	GW RL>	GEWICHT DER NACHLF VOM RL AN DAS LAGER IN TONNEN
14	AK LG	AUFTRAGSABWICKLUNGS - KOSTEN DIESES LAGERS IN DM
15	KK LG	KAPITALBINDUNGS - KOSTEN DIESES LAGERS IN DEM
16	LK LG	LAGERHALTUNGS - KOSTEN DIESES LAGERS IN DM
17	UM KD	UMSAETZE DIESES LAGERS MIT KUNDEN (WARENWERT) IN DM
18	UM NL	UMSAETZE DIESES LAGERS MIT ANDEREN LAEGERN IN DM
19	KD-ANZ	ANZAHL KUNDEN DES LAGERS
20	NL WL>	ANZAHL NACHLIEFERUNGEN VOM WL AN DAS LAGER
21	NL ZL>	ANZAHL NACHLIEFERUNGEN VOM ZL AN DSS LAGER
22	NL SUM	ANZAHL ALLER NACHLIEFERUNGEN
23	POS KD	ANZAHL POSITIONEN DER KUNDENBESTELLUNGEN
24	POS LA	ANZAHL POSITIONEN DER LAGERBESTELLUNGEN
25	KD DROPS	ANZAHL BESTELLUNGEN VON KUNDEN
26	LA DROPS	ANZAHL BESTELLUNGEN VON LAGERN
27	SU GW KD	SUMME LIEFERGEWICHT AN KUNDEN
28	S2 GW KD	SUMME DER QUADRATE DER LIEFERGEWICHTE
29	SU KM KD	SUMME DER ENTFERNUNGEN ZU DEN KUNDEN
30	S2 KM KD	SUMME DER QUADRATE DER ENTFERNUNGEN
31	SU KM*GW	SUMME LIEFERGEWICHT * ENTFERNUNG (KM*KG)
32	S2 KM*GW	SUMME DER QUADRATE VON GEWICHT * ENTFERNUNG
33	S KM ZL>	ENTFERNUNG VOM ZENTRALLAGER

__Tab. 5:__ Legende der Spaltenbezeichnungen einer Lagerauswertungsdatei

Dazu ist von der niedrigsten Stufe, d.h. der einzelnen Kundenlieferung, auszugehen, um anhand der aus der zugehörigen Faktur zu
entnehmenden Daten den Weg der Lieferung vom Kunden bis zum
Werkslager zurückverfolgen zu können. Der dem realen Warenfluß
entgegengesetzte Nachvollzug der Einzelvorgänge ergibt sich
zwangsläufig aus der Beschränkung der Bewegungsdaten auf die
Kundenfakturen. Erst aus ihrer Abbildung ergeben sich sukzessive
die zu ihrer Realisierung notwendigen, vorgelagerten Distribu-
tionsaktivitäten. Die Abbildung 3 gibt eine Übersicht der auf den
einzelnen Stufen ermittelten Leistungsgrößen.

```
************** M F C A L C  VERSION  4.1 HGS  ------ AACHEN ------ FORSCHUNGSINSTITUT FUER RATIONALISIERUNG ******************
* DATENDATEINAME     : Y.NACHKALK.GES.A01                              DATEIDATUM : 12/05/84
* DATEIBESCHREIBUNG  : GESAMTAUSWERTUNG ORIGINAERER KOSTEN- UND LEISTUNGSGROESSEN
*************************************************************************************************************************
* LISTENBESCHREIBUNG :GESAMT-AUSWERTUNG DER NACHKALKULATION            LISTENDATUM : 28/05/84 SEITE:  1    BAHN :  1
*************************************************************************************************************************
```

	1 TK >KD	2 TK WL>	3 TK ZL>	4 TK RL>	5 GW >KD	6 GW WL>	7 GW ZL>	8 GW >LA	9 GW GES	10 GW RL>	11 AK GES	12 KK GES	13 LK GES	14 UMS KD
AUSLIEFER-L	114.	0.	176.	0.	742.	0.	742.	0.	742.	0.	0.	12.	24.	2423.
REGIONAL-L	0.	0.	0.	0.	0.	0.	0.	0.	0.	0.	0.	0.	0.	0.
ZENTRAL-L	849.	4.	0.	0.	7342.	1142.	0.	742.	8084.	0.	0.	21.	123.	28004.
WERKS-L	285.	0.	0.	0.	2111.	0.	0.	8085.	10196.	0.	0.	3.	148.	3007.

```
************** M F C A L C  VERSION  4.1 HGS  ------ AACHEN ------ FORSCHUNGSINSTITUT FUER RATIONALISIERUNG ******************
* DATENDATEINAME     : Y.NACHKALK.GES.A01                              DATEIDATUM : 12/05/84
* DATEIBESCHREIBUNG  : GESAMTAUSWERTUNG DER ORIGINAERER KOSTEN- UND LEISTUNGSDATEN
*************************************************************************************************************************
* LISTENBESCHREIBUNG :GESAMT-AUSWERTUNG DER NACHKALKULATION            LISTENDATUM : 28/05/84 SEITE:  1    BAHN :  2
*************************************************************************************************************************
```

	15 UMS LG	16 KD-ANZ	17 NL WL>	18 NL ZL>	19 NL SUM	20 POS KD	21 POS LG	22 KD DRO	23 LG DRO	24 SU GW	25 S2 GW	26 SU KM	27 S2 KM	28 SU KM*KG
AUSLIEFER-L	0.	2024.	0.	136.	136.	6560.	0.	3826.	0.	742.	208.	0.	7.	22.
REGIONAL-L	0.	0.	0.	0.	0.	0.	0.	0.	0.	0.	0.	0.	0.	0.
ZENTRAL-L	2423.	986.	4.	0.	4.	5268.	2036.	2555.	140.	7342.	62762.	1.	230.	1980.
WERKS-L	30427.	775.	0.	0.	0.	1963.	64.	1654.	8.	2111.	11291.	0.	148.	523.

<u>Tab. 6:</u> Beispielhafter Auszug aus einer Gesamtauswertungsdatei
(Legende in Tabelle 7)

Nr	Kennung	Bezeichnung
1	TK >KD	TRANSPORTKOSTEN DER AUSLIEFERUNG AN KUNDEN
2	TK WL>	TRANSPORTKOSTEN LAGERBELIEFERUNG VOM WERKSLAGER
3	TK ZL>	TRANSPORTKOSTEN LAGERBELIEFERUNG VOM ZENTRALLAGER
4	TK RL>	TRANSPORTKOSTEN LAGERBELIEFERUNG VOM REGIONALLAG.
5	GW >KD	GEWICHT DER KUNDENAUSLIEFERUNGEN
6	GW WL>	GEWICHT DER NACHLIEFERUNGEN VOM WERKSLAGER
7	GW ZL>	GEWICHT DER NACHLIEFERUNGEN VOM ZENTRALLAGER
8	GW >LA	GEWICHT DER NACHLIEFERUNGEN AN ANDERE LAGER
9	GW GES	GEWICHT ALLER AUSLIEFERUNGEN DER LAGERSTUFE
10	GW RL>	GEWICHT DER NACHLIEFERUNGEN VOM REGIONALLAGER
11	AK GES	AUFTRAGSABWICKLUNGSKOSTEN IN DM/PERIODE
12	KK GES	KAPITALBINDUNGSKOSTEN IN DM/PERIODE
13	LK GES	LAGERHALTUNGSKOSTEN IN DM/PERIODE
14	UMS KD	UMSAETZE DER LAGERSTUFE MIT KUNDEN
15	UMS LG	UMSAETZE DER LAGERSTUFE MIT LAGERN (NACHLIEF.)
16	KD-ANZ	ANZAHL KUNDEN DER LAGERSTUFE
17	NL WL>	ANZAHL NACHLIEFERUNGEN DER STUFE VOM WERKSLAGER
18	NL ZL>	ANZAHL NACHLIEFERUNGEN DER STUFE VOM ZENTRALLAG.
19	NL SUM	SUMME DER ANZAHL NACHLIEFERUNGEN
20	POS KD	POSITIONEN DER KUNDENBESTELLUNGEN
21	POS LG	POSITIONEN DER LAGERBESTELLUNGEN
22	KD DRO	KUNDENBESTELLUNGEN DER LAGERSTUFE
23	LG DRO	LAGERBESTELLUNGEN DER LAGERSTUFE
24	SU GW	SUMME DER LIEFERGEWICHTE AN KUNDEN
25	S2 GW	SUMME DER QUADRATE DER LIEFERGEWICHTE
26	SU KM	SUMME DER LIEFERENTFERNUNGEN ZU DEN KUNDEN
27	S2 KM	SUMME DER QUADRATE DER LIEFERENTFERNUNGEN
28	SU KM*KG	SUMME VON LIEFERGEWICHT * LIEFERENTFERNUNG
29	S2 KM*KG	SUMME DER QUADRATE GEWICHT * ENTFERNUNG
30	LG-ANZ	LAGERANZAHL PRO STUFE AL/RL/ZL/WL
31	MIN/DZ	LAUFPARAMETER
32	DIWLKP/DIWLFA/DIRLKP/DIRLPA	DIRKETBELIEFERUNGSKRITERIEN
33		
34	SU GW	SUMME DER GEWICHTE DER NACHLIEFERUNGEN
35	S2 GW	SUMME DER QUADRATE DER NACHLIEFERGEWICHTE
36	KM WL>	ENTFERNUNG VOM WERKSLAGER
37	KM ZL>	ENTFERNUNG VOM ZENTRALLAGER

Tab. 7: Legende der Spaltenbezeichnungen der Gesamtauswertungsdatei

Die Transportleistung wird determiniert durch die insgesamt pro
Periode zurückgelegten Entfernungskilometer, dem dabei transpor-
tierten Gewicht, der Anzahl der Lieferungen sowie ggfs. dem
Gesamtumsatz, welcher dem Gegenwert der beförderten Güter entspricht. Letzterer stellt insofern eine Leistungsgröße dar, als
der Transport besonders hochwertiger Güter eine höhere Leistung
darstellt als derjenige von geringerwertigen. Diese Wertigkeit,
wie auch die Art und die Sperrigkeit der Güter findet ihren
Niederschlag in den Frachttarifen bzw. unterschiedlichen La-

<u>Leistungsgrössen (LG) eines Warenverteilungssystems</u>

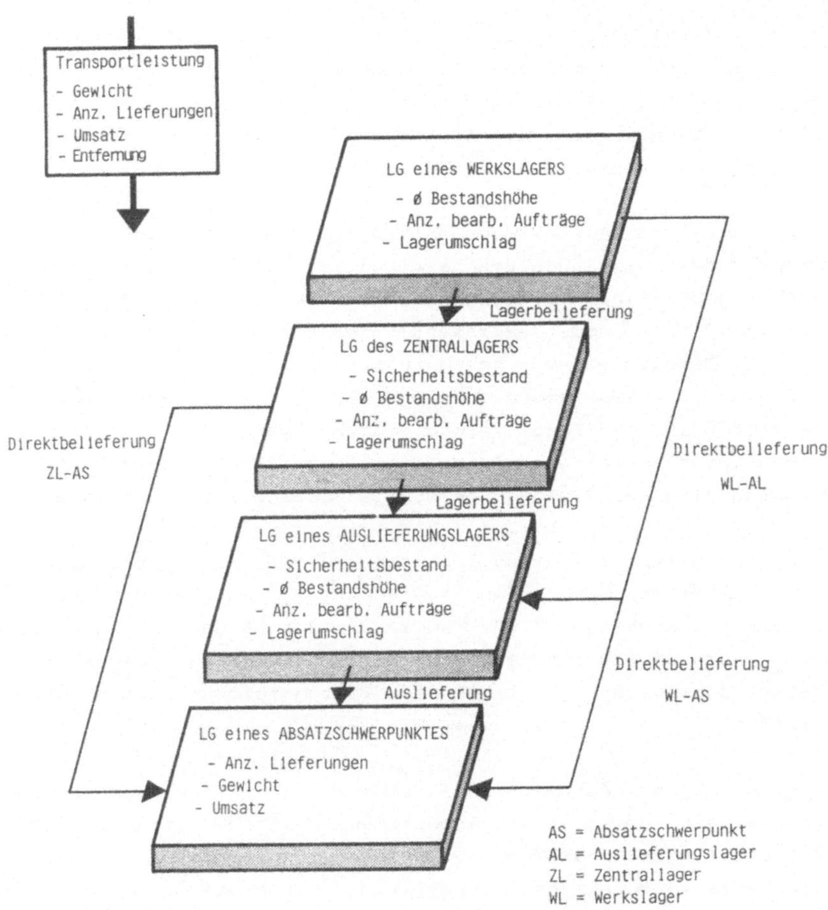

<u>Abb. 3:</u>   Leistungsgrößen eines Distributionssystems

dungsklassen für verschiedene Güterarten.

In der Regel werden Produkte innerhalb eines Distributionssystems gemeinsam einer Güterklasse des RKT zuzuordnen sein; grundsätzlich sind jedoch beliebige Kombinationen abbildbar.

Die Lagerhaltungsleistung, welche pro Periode zu erbringen ist, wird bestimmt durch den Lagerumschlag, welcher die Höhe der Handlingskosten beeinflußt sowie die durchschnittliche Bestandshöhe - einschließlich des Sicherheitsbestands - welche die Lagerhaltungskosten und auch die Bestandhaltungskosten determiniert.

Die Anzahl der bearbeiteten Aufträge, bzw. Lieferungen sowie die Anzahl der damit auch bearbeiteten Positionen sind ein Maß für Auftragsabwicklungsleistung. Ihre leistungsbezogene Abbildung ist ebenfalls im Modell realisiert. In Anbetracht der geringer werdenden Abhängigkeit von der Struktur und Strategie der physischen Distribution wird jedoch auf ihre detaillierte Beschreibung verzichtet. In der Regel werden Produkte innerhalb eines Distributionssystems gemeinsam einer Güterklasse des RKT zuzuordnen sein; grundsätzlich sind jedoch beliebige Kombinationen abbildbar.

Die Lagerhaltungsleistung, welche pro Periode zu erbringen ist, wird bestimmt durch den Lagerumschlag, welcher die Höhe der Handlingskosten beeinflußt, sowie die durchschnittliche Bestandshöhe - einschließlich des Sicherheitsbestands -, welche die Lagerhaltungskosten und auch die Bestandhaltungskosten determiniert.

Die Anzahl der bearbeiteten Aufträge, bzw. Lieferungen sowie die Anzahl der damit auch bearbeiteten Positionen sind ein Maß für Auftragsabwicklungsleistung. Ihre leistungsbezogene Abbildung ist ebenfalls im Modell realisiert (z.B. durch die Größe Positionen/ Auftrag). In Anbetracht der geringer werdenden Abhängigkeit von der Struktur und Strategie der physischen Distribution wird jedoch auf ihre detaillierte Beschreibung verzichtet.

6.2.2 <u>Kostengrößen</u>

Durch eine Bewertung der Leistungsgrößen mit Geldeinheiten ergeben sich die Kosten der Distribution auf den verschiedenen
Distributionsstufen. Für eine detaillierte Analyse zwar wenig
aussagefähig, die Effizienz des Distributionssystems aber dennoch
ganzheitlich kennzeichnend, erweist sich die Größe "Distributionskosten in Prozent vom Umsatz" als geeignete Kennzahl, welche
es im Ergebnis zu minimieren gilt.

Von besonderer Bedeutung für die Ausagefähigkeit der ermittelten
Kostengrößen ist ihr Detaillierungsgrad. In Anlehnung an die
bereits dargestellten Leistungsgrößen werden folgende Kostendaten
ermittelt:

<u>Transportkosten :</u>   (TK)/Periode
- TK (Auslieferungslager - Kunde)   Auslieferung
- TK (Zentrallager   - Kunde)   Direktbelieferung
- TK (Werkslager   - Kunde)   Direktbelieferung
- TK (Werkslager   - Auslieferungslager)   Vorfracht
- TK (Werkslager   - Zentrallager)   Vorfracht
- TK (Zentrallager   - Auslieferungslager)   Vorfracht

Der Ausweis der Transportkosten im Modell sieht grundsätzlich
eine Zuordnung der Transportkosten zum Empfänger, d.h. zur be-
lieferten Lagerstufe (resp. zum Absatzschwerpunkt) vor, um so
eine größtmögliche Detaillierung des Kostennachweises zu erzielen.

<u>Lagerhaltungskosten :</u> (LHK)/Periode
- LHK (Werkslager)
- LHK (Zentrallager)
- LHK (Auslieferungslager)

<u>Bestandhaltungskosten :</u> (BHK)/Periode
- BHK (Werkslager)
- BHK (Zentrallager)
- BHK (Auslieferungslager)

Die durch die Nachkalkulation ermittelten Kostengrößen können durch Relativierung auf der Basis von Leistungs-, Struktur- oder Strategiegrößen in spezifische Kosten transformiert werden, die eine gezielte Analyse eines jeden Elementes des Distributionssystems erlauben. Der flexiblen, im Dialog vom Benutzer gesteuerten Weiterverarbeitung der originären Daten dient das im folgenden vorgestellte Tabellenkalkulationsprogramm MFCALC.

6.3 Flexible Tabellenkalkulation

Das Programmsystem MFCALC (Multi-Funktions-CALCulator) erfüllt die Aufgabe einer flexiblen, individuell anpaßbaren Weiterverarbeitung der originären Kosten- und Leistungsgrößen des Nachkalkulationssystems zu aussagekräftigen Kennzahlen im Dialog mit dem Anwender.

Das grundsätzliche Problem bei der Ermittlung aussagefähiger Kennzahlen besteht in der Verdichtung eines meist sehr umfangreichen numerischen Datenbestandes zu einigen wenigen, schnell erfaßbaren und auswertbaren Größen. Die Notwendigkeit des EDV-Einsatzes ergibt sich durch die Menge der zu verarbeitenden Daten und aus der Forderung einer weitgehenden Unterstützung des Benutzers, um eine kurzfristig realisierbare, wenig aufwendige Kennzahlenaufbereitung zu erzielen.

Bezüglich des Datenvolumens bestehen beim Einsatz der EDV kaum Restriktionen, wenn eine hinreichende Rechnerkapazität unterstellt wird. Jedoch wird der Einsatz von einfachen, ablauforientierten Programmen, die auf das jeweilige Problem zugeschnitten sind, erkauft mit einem erheblichen Verlust an Flexibilität. Dies hat in der Regel zur Folge, daß nur sich stets wiederholende, gleichartige Datenmanipulationen durch derartige Programme mit vertretbarem Aufwand durchgeführt werden können. Geringfügige Änderungen und erst recht andersartige Auswertungen erfordern jeweils einen erneuten hohen Programmieraufwand, der darüberhinaus mit einem empfindlichen Zeitverzug verbunden ist.

Da die im Rahmen der Findung von Kennzahlen zur Distribution notwendigen Berechnungen und Datenumschichtungen sehr unterschiedlicher Natur sind und sich die Notwendigkeit zu ihrer Durchführung zum Teil erst in der Auswertungsphase ergibt, müssen spezielle, problemspezifische Programme als ungeeignet angesehen werden. Es bedarf vielmehr eines sehr flexiblen Systems, das es dem Anwender ermöglicht, die von ihm gewünschten Datenbe- und Verarbeitungen durch die Eingabe einfacher Befehle zu veranlassen.

6.3.1 Leistungsanforderungen

Vor der Systemkonzeption und -erstellung wurden die Leistungsanforderungen an dieses Programmsystem analysiert, um eine vollständige Funktionserfüllung im praktischen Einsatz des Systems sicherzustellen.

Die zu bearbeitenden Datenbestände, z.B. die Dateien eines Nachkalkulationslaufes, befinden sich auf einem maschinell lesbaren Medium (Plattenspeicher). Die Struktur verschiedenen der Dateien ist jedoch bezüglich Formatierung und Art der Daten, Stellung der Daten im Satz, Anzahl der Sätze pro Datei sowie Organisationsform der Datei sehr unterschiedlich.

Um dem Zugriff auf extern vorgegebene Datenbestände möglichst wenig Restriktionen aufzuerlegen, wurden folgende Anforderungen abgeleitet:

- Das Programmsystem ist so zu konzipieren, daß bezüglich der Organisation der Dateien keinerlei Restriktionen bestehen.
- Bezüglich der Größe der Dateien (Satzlänge und Satzanzahl) sollten keine programmseitigen Beschränkungen erfolgen.
- Der gezielte Zugriff auf Teile einer Datei bzw. auf Teile eines Satzes muß möglich sein.
- Die Verarbeitung darf sich nicht auf bestimmte Formate von Zahlendarstellungen beschränken, sondern ist für alle möglicherweise auftretenden Zahlendarstellungen zu realisieren.

Neben dem flexiblen Zugriff des Programmsystems auf beliebige Datenbestände wurden die Anforderungen bezüglich der mit diesen

Daten vorzunehmenden Manipulationen festgelegt. Die einfachste Art der Datenhandhabung besteht darin, ein Wort, einen Satz oder eine ganze Datei physisch an eine andere Stelle zu transferieren, bzw. diese Daten auf ein geeignetes Ausgabemedium für den Benutzer lesbar auszugeben. Beispiele für derartige Aktionen können sein:

- Sortierung von Sätzen einer Datei nach bestimmten Merkmalen, z.B. Sortieren der Zeilen der Absatzschwerpunktdatei absteigend nach den spezifischen Transportkosten, um so eine Übersicht der kostenträchtigsten Absatzschwerpunkte zu erreichen.
- Umschichtungen von Feldern innerhalb eines Satzes, z.B. zur direkten Gegenüberstellung bestimmter Datenzeilen oder -spalten,
- Druckaufbereitung der Tabellen zwecks übersichtlicher Darstellung bestimmter Informationen.

Da bei der Kennzahlenfindung insbesondere eine Verdichtung großer Datenbestände zu erfolgen hat, müssen die o.g. durch weitere Aktionsmöglichkeiten ergänzt werden:

- Eine Ausführung der vier Grundrechenarten soll sowohl bezüglich einzelner Daten, als auch bezogen auf Datengruppen durchgeführt werden können z.B. Summenbildung über die Nachlieferkosten aller Auslieferungsläger oder Berechnung der prozentualen Anteile einzelner Kostenbeträge an ihrer Summe, etc..
- Zur Auswertung bedarf es häufig der Anwendung statistischer Methoden. Aus diesem Grunde sind entsprechende Routinen zur Mittelwertbildung sowie Varianz-, Korrelations- und ABC-Analyse in das System zu integrieren.

Wie schon erwähnt, sind die Ergebnisse der durchzuführenden Untersuchungen in übersichtlicher Form aufzubereiten und auszugeben. Dies geschieht zunächst in tabellarischer Listenform. Diese Art der Benutzerinformation weist zwar einen hohen Grad an Genauigkeit auf, jedoch sind graphische Darstellungsformen oft besser geeignet, das Verhalten bestimmter Größen in einem bestimmten Intervall oder für verschiedene Zustände zu präsentieren. Deshalb erscheint es notwendig, dem Anwender die Möglichkeit einzuräumen, seine Ergebnisse, die sich zunächst in einer Anzahl von Zahlen darstellen, ohne manuellen Aufwand automatisiert graphisch aufzubereiten. (vgl. MEYER 1976, S. 58 ff.).

6.3.2 Benutzerfreundlichkeit

Die Datenanalysen und -auswertungen sollen auch von DV-technisch nur wenig geschultem Personal durchgeführt werden können. Dies bedingt, daß der Benutzer einen einfachen Dialog mit dem Rechner führen kann, ohne tiefer in die interne Verarbeitung des Programmsystems eindringen zu müssen. Damit dürfen in der Praxis bezüglich Programmierung und Systemsprache (Job-Control) bis auf den einfachen Programmaufruf keine weiteren Anforderungen an den Benutzer gestellt werden. Dies wird erreicht durch eine vom Programm automatisch zu realisierende Abwicklung der notwendigen Kommunikation zwischen Anwender und Rechner. Auf einfache Benutzerbefehle hin ist insbesondere auch die Verwaltung von Daten und Tabellen in Dateien auf dem Speichermedium der Rechenanlage notwendig.

Damit der Benutzer die gewünschten Datenmanipulationen vornehmen kann, ist ihm ein möglichst sinnfälliger Befehlsvorrat zur Verfügung zu stellen (vgl. DZIDA u.a. 1977, S. 11 ff.).

Diese Befehle sollen der natürlichen Sprache angepaßt sein und die Art ihrer Aufgabe bereits erkennen lassen. Um die Anzahl der Einzelbefehle nicht ins Uferlose ausarten zu lassen, ist eine geeignete Befehlsbasis zu wählen, welche durch Verkettung mit definierten Parametern die Gesamtheit aller möglichen Verarbeitungsanweisungen abbildet. So wird gewährleistet, daß auch der ungeübte Anwender relativ schnell einfache Auswertungen erledigen kann, ohne zuvor einen großen Befehlsvorrat erlernen zu müssen.

Zu seiner weiteren Unterstützung ist eine "Hilfe-Funktion" vorzusehen, die es an jeder Stelle der Benutzung dieses Programms des Programmlaufs erlaubt, zusätzliche Informationen über den Befehlsvorrat und die speziellen Möglichkeiten einzelner Befehle zu erhalten.

6.3.3 Realisierung

Das Programmsystem MFCALC erfüllt die vorstehenden Anforderungen
ausnahmslos. Es stellt dem Anwender am Bildschirm eine aus Spal-
ten und Zeilen bestehende, elektronische Zahlentabelle (Arbeits-
bogen oder Rechenbogen, in englischem Sprachraum allgemein als
"Spread-Sheet" bezeichnet) zur Verfügung.

Die Feldelemente dieser Tabelle können beliebig mit Zahlenwerten
gefüllt werden. Mit diesen Zahlenwerten können durch einfache
Anwenderbefehle beliebige Rechenoperationen durchgeführt werden,
deren Ergebnis in weiteren Feldern abgelegt werden kann, usw.. Im
hier betrachteten Anwendungsfall werden in diese Arbeitstabelle
die Ergebnistabellen der Nachkalkulation eingelesen, wie sie
beispielhaft in den Tabellen 2,4 und 6 dargestellt sind. Der
MFCALC-Bildschirm bildet dann einen verschiebbaren Ausschnitt, in
dem - im Sinne eines Fensters - ein Teil der eingelesenen Tabelle
angezeigt wird. Auf Anwender-Anweisungen hin ermöglicht er das
Betrachten eines gewünschten, zusammenhängenden Tabellenaus-
schnitts, aber auch die gleichzeitige Darstellung nicht benach-
barter Zeilen- oder Spaltenbereiche auf den Bildschirm. Durch die
Befehlseingabe für Rechenoperationen können existierende Tabel-
lenwerte geändert werden, z.B. Umwandlung von Gewichtsangaben von
der Einheit Kilogramm zur Einheit Tonnen durch die Division der
Zahlenwerte mit dem Faktor 1000, oder es können neue Ergeb-
nisfelder berechnet werden, z.B. Bildung der Summe der Zahlenwerte einer Spalte (Zeile) und Eintragung des berechneten Wertes
in ein weiteres Feldelement.

Das Kalkulationsprogramm deckt so das Aufgabenspektrum eines
Taschenrechners ab, wobei nur Rechenoperationen (d.h. Rechen-
befehle) eingegeben werden müssen. Der Anwender gibt ausschließlich Operationen als Befehle ein, während die wiederholte manuelle Zahleneingabe - insbesondere bei mehrfachen Berechnungen -
entfällt. Dies ermöglicht mit geringem Aufwand eine wahlfreie,
schnelle und flexible Bildung und Berechnung von Kennzahlen, aber
auch deren Verwerfung und erneute Berechnung ggfs. anderer Zahlenwerte.

Die Steuerung des Dialogablaufs mittels Eingabe eines Befehls erfordert die Erkennung, Interpretation und Ausführung dieses Befehls durch das Programm. Der hierzu notwendige spezielle Programmaufbau kann im Gegensatz zur modularen Programmierung mit dem Begriff "unabhängige Programmierung" beschrieben werden.

Diese Art der Programmierung wurde im Zusammenspiel mit der Anwendung der Entscheidungstabellentechnik zur Realisierung des Programmsystems MFCALC verwendet. Nur so konnte die Vielfalt der Parametereingaben zu jedem Anwender-Befehl -und damit die Anwenderfreundlichkeit erreicht werden. Gleichzeitig führt diese Technik zu einer standardisierten Dokumentation des Programms und der realisierten Anwender-Befehle, da die Entscheidungstabellen selbst schon eine Dokumentation darstellen. Sie zeigen anschaulich, in welcher Reihenfolge welche der standardisierten Programm-Module bei einer bestimmten Eingabe eines Befehls und seiner Parameter auszuführen sind. Hohe Flexibilität und große Anpassungsfähigkeit an veränderte Aufgabenstellungen sind weitere Vorteile der Entscheidungstabellentechnik. Erst hierdurch konnte eine datengesteuerte Sprache realisiert werden.

Das Programm wurde in der problemorientierten Programmiersprache FORTRAN V erstellt. Zur komfortableren Ein-/Ausgabe wurde ein Maskengenerator (Siemens IFG/FHS) verwendet, der über zwischengeschaltete COBOL-Programme mit dem eigentlichen Programm kommuniziert. Das Programm ist zur Zeit implementiert und lauffähig auf einem Siemens Rechner 7.738 mit 1 MBYTE Arbeitsspeicher unter dem virtuellen Betriebssystem BS 2000. Es besteht aus etwa 10000 ausführbaren Statements, die mit weiteren 7000 Zeilen kommentiert wurden, und ist in 180 Unterprogramme unterteilt. Für die eigentliche Befehlsausführung stehen rd. 2000 Module zur Verfügung.

Die Module sind nicht programmäßig untereinander verbunden. Jedes Modul kann prinzipiell separat angesprochen und ausgeführt werden. Das Programm ist also noch weiter zergliedert, als es bei der modularen Programmierung üblich ist. Diese spezielle Art der Programmierung und die Festlegung der Modul-Schnittstellen ermöglicht eine schnelle, einfache Anpassung des Programms an geänderte Aufgabenstellungen (vgl. KUPKA/WILSING 1975, S. 146). Ab-

bildung 4 gibt schematisch die Ablaufstruktur des Programmsystems
MFCALC wider.

6.3.4   Benutzersprache

Die Dialogsteuerung erfolgt durch Eingabe einzelner Befehle aus
einem umfangreichen Befehlsvorrat, der in allgemeine und spezielle Befehle gegliedert ist. Während die allgemeinen Befehle der
Information des Benutzers bezüglich des Programmzustand, des
Befehlsangebots oder der Befehlssyntax dienen, ermöglichen die
speziellen Befehle die eigentlichen Datenmanipulationen sowie die
Ein-/Ausgabeaktionen. Durch die Eingabe von Zeilen- und Spalten-
indizes wird der Wirkungsbereich eines Befehls in der Tabelle
bestimmt. Die mögliche Vorbesetzung erübrigt ihre erneute Eingabe
bei weiteren Operationen.

Neben Grundrechenarten, Potenzierung, Kumulierung, Relativierung
etc. ist es möglich, in einem frei wählbaren Datenbereich statistische Untersuchungen, wie Berechnung von Mittelwerten und Stan-
dardabweichungen sowie Korrelations- und Regressionsanalysen
durchzuführen. Schließlich ist eine Sortierfunktion und eine
Kopierfunktion implementiert. Die Befehle für die Datenein- und
Ausgabe umfassen:

- Eingabe von Fremddateien,
- Lesen und Schreiben von MFCALC-spezifischen Dateien,
- Anzeige der Daten am Bildschirm,
- Ausgabe von Listen,
- Korrektur der Daten am Bildschirm,
- Ausgabe von quasigraphischen Darstellungen am Bildschirm/Drucker,
- Ausgabe von Wertepaaren zur graphischen Aufbereitung durch das
  Programmsystem GRAPH.

Die Anzeige der Datentabelle auf dem Bildschirm entspricht dabei
einer auf 80 Zeichen/Zeile verkürzten Darstellung der Listenaus-
gaben auf dem Drucker, wie sie bereits in den Tabellen 2, 4 und 6
beispielhaft vorgestellt wurden. Eine Blätterfunktion unterstützt
die Anzeige von Listen, die das Format des Bildschirms über-

Aufbau des Programms zur Datenuntersuchung

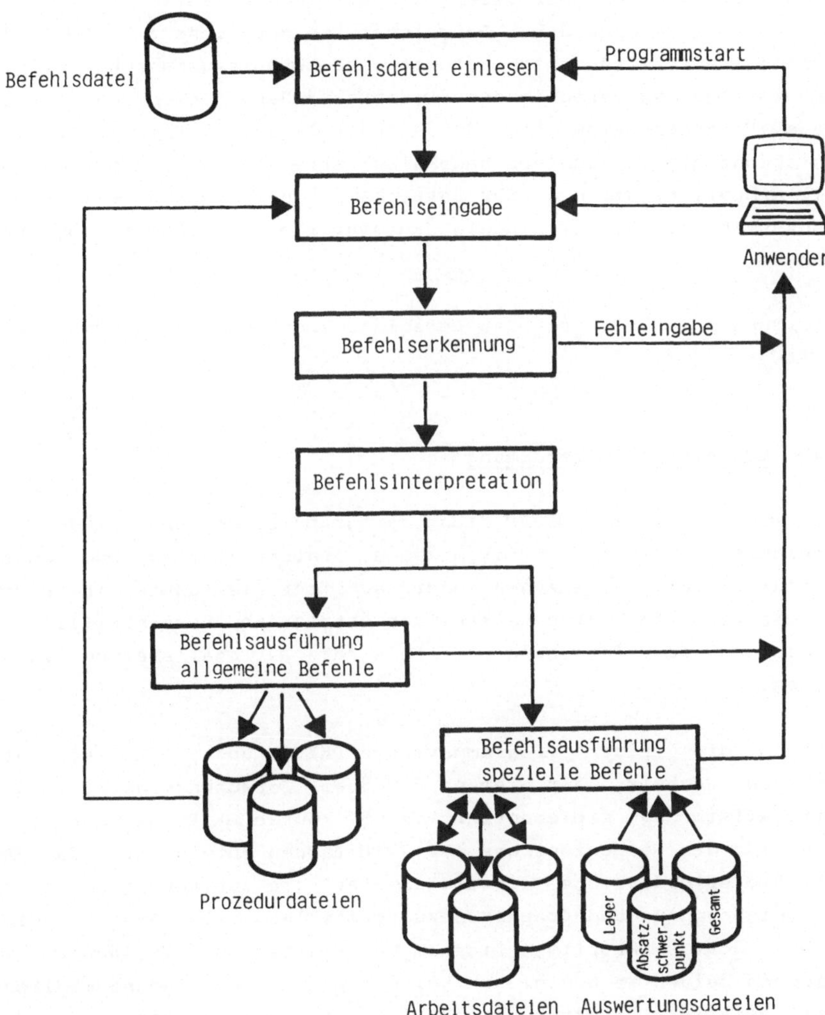

Abb. 4: Ablaufstruktur des flexiblen Kalkulationsprogramms MFCALC

schreiten. Entsprechendes gilt für die Druckausgabe.

Über die direkte Bearbeitung einer Datentabelle am Bildschirm hinaus ist eine Prozedurerstellung und -ausführung möglich. Dabei werden die vom Benutzer direkt eingegebenen Befehle als Abfolge in sog. Prozeduren d.h. Befehlsdateien gespeichert. Dies ermöglicht eine wiederholte automatische Befehlsausführung dieser Befehlsfolge an verschiedenen Datenbeständen. Anwendung findet diese Vorgehensweise bei der standardisierten Erstellung von Basiskennzahlen anhand der nachkalkulierten Daten. Im Anwendungsfall ermöglicht sie nach der Entwicklung unternehmenspezifischer Kennzahlen deren vollständig automatisierte Aufbereitung und Ausgabe.

Abbildung 5 umreißt grob das Befehlsangebot des Programmsystems MFCALC.

6.4   Graphische Aufbereitung

Das Programmsystem GRAPH dient der graphischen Darstellung von Kennzahlen in Form von Polygonzügen, interpolierten und ggfs. approximierten Kurvenzügen oder schlicht als Punkte in einem Koordinatensystem. Die Darstellung erfolgt in vereinheitlichten Bildrahmen des Forschungsinstituts für Rationalisierung e.V., Aachen.

Während die beiden Programmsysteme PHYDIS und MFCALC auf dem gleichen Rechner, der Siemens 7.738 am Forschungsinstitut für Rationalisierung implementiert sind, wurde GRAPH auf der CDC-Cyber 175 des Rechenzentrums der RWTH Aachen entwickelt, da nur dort die erforderliche Software und Hardware zur Verfügung steht, um Zeichnungen und Graphiken zu erstellen. Als Ausgabemedien stehen dort Mikrofilm, Diafilm und Plotter zur Verfügung. Da zwischen beiden Rechenanlagen keine direkte Übertragungsmöglichkeit existiert, besteht bezüglich des Datentransfers nur die Möglichkeit des Einsatzes mobiler Datenträger wie Diskette, Lochkarte oder Magnetband. Wegen des hohen Maßes an Portabilität sowie der größeren Kapazität wurde hier das Magnetband als Daten-

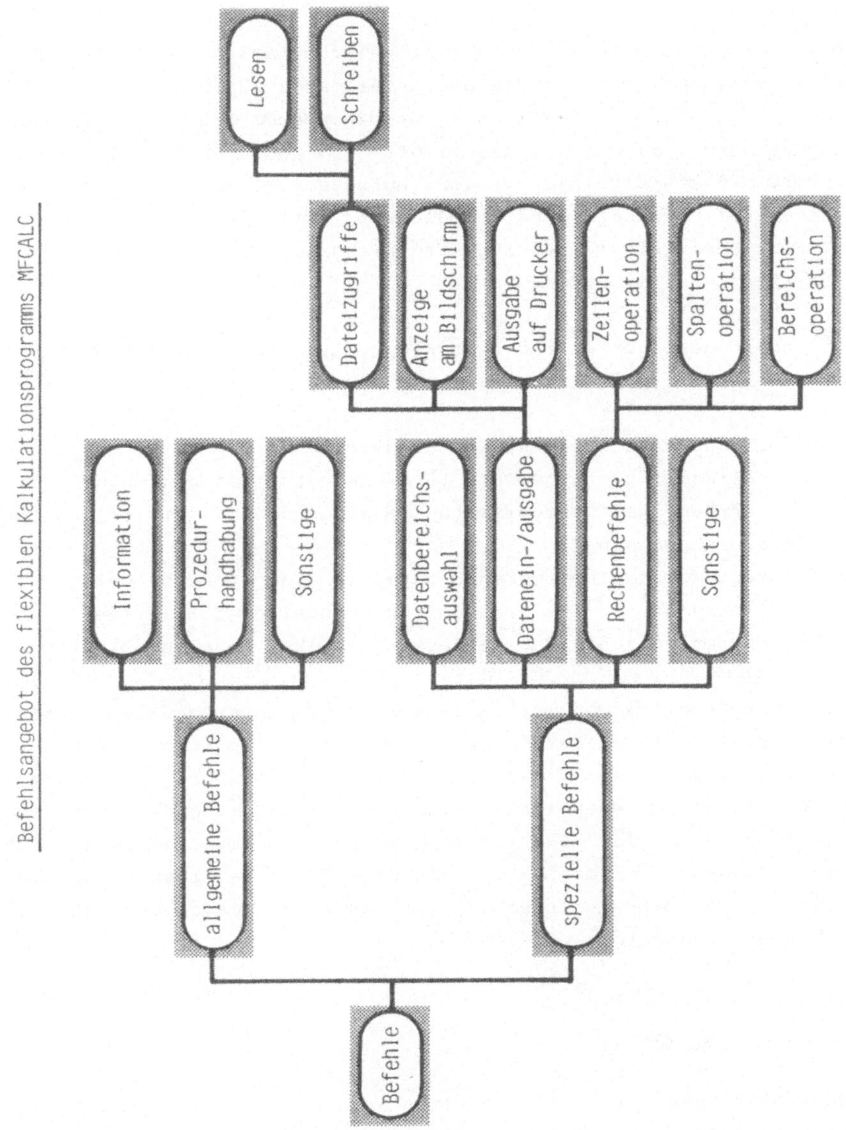

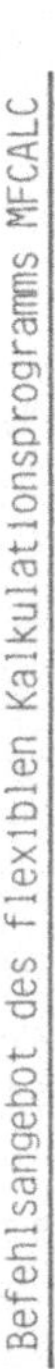

Abb. 5: Befehlsangebot des flexiblen Kalkulationsprogramms MFCALC

träger ausgewählt.

Die Datenaufbereitung für die graphische Darstellung erfolgt im Programmsystem MFCALC. Die darzustellenden Daten (max. 1024 Wertepaare), der Bildtitel, die Autorennamen, die Achsenbezeichnungen und die Angabe des Bildformat (hoch/quer) werden von MFCALC in standardisierter Form aufbereitet - im folgenden 'Graphikdatei' genannt - und gespeichert. Die Datenübertragung zur CYBER 175 mittels Magnetband wird mit geeigneten Prozeduren realisiert.

Das dialoggesteuerte Programmsystem GRAPH erfüllt folgende Aufgaben:

- Verwaltung verschiedener Graphikdateien in der CYBER 175,
- Darstellung der übergebenen Daten in einer Graphik in den drei o.g. Arten bei automatischer Skalierung und Einteilung der Koordinatenachsen,
- Darstellung der übergebenen Daten in einer Graphik bei beliebiger Vorgabe von Skalierung Achseneinteilung, Bildtitel, etc.
- Gleichzeitige Abbildung mehrerer Graphiken in einem Bildrahmen.

Die vorgestellte Schnittstelle zum Programmsystem GRAPH enthält prinzipiell die vollständigen Angaben für eine automatische Graphikerstellung, so daß es an der CYBER 175 außer des Programmstarts keine weiteren Aktivitäten des Benutzers bedarf. Die Anforderungen an den Benutzer sind so bewußt gering gehalten worden. Andererseits bieten die dialoggesteuerten Eingriffsmöglichkeiten von GRAPH Gelegenheit zur flexiblen Gestaltung von graphischen Kennzahlendarstellungen.

6.5 Integration

Innerhalb des hier entwickelten Verfahrens zur kennzahlengestützten Analyse und Reorganisation von Distributionssystemen sind das Nachkalkulationssystem PHYDIS und das System zur dialoggesteuerten Aufbereitung von Kennzahlen MFCALC nur über die standardisierten Schnittstellen der o.g. Dateien miteinander verbunden. Die koordinierte Anwendung dieser Programme entbehrt so der direkten Unterstützung.

Darüberhinaus erfordert die Eingabe von Steuerungsdaten in das Nachkalkulationssystem spezifische Kenntnisse über den gestuften, ggfs. sogar verschachtelten Programmablauf, wie er sich aus der Aufgabenstellung ergibt. Um auch hier eine weitgehende Benutzerfreundlichkeit des Systems zu erreichen, wurde eine Verknüpfung der Teilsysteme durch entsprechende Prozeduren, Eingabe- und Statusdateien konzipiert und realisiert. Die Steuerungsaufgaben des Anwenders werden so auf die Eingabe der notwendigen Steuerungsparameter für das Nachkalkulationssystem in eine Ausgangsprozedur beschränkt.

Mit dem Start dieser Ausgangsprozedur wird die Generierung weiterer notwendiger Prozeduren für die verschiedenen Stapelverarbeitungsläufe veranlaßt, diese miteinander verkettet und die Verarbeitungsabfolge festgelegt. Mittels dieses Systems werden ohne weitere Eingriffe des Benutzers die entsprechenden Programmläufe in der richtigen Reihenfolge und unter Bereitstellung der aufbereiteten Eingabedaten automatisch durchgeführt.

In Abbildung 6 ist der komplexere Fall der sukzessiven Bearbeitung mehrerer Zeiträume durch die Nachkalkulation dargestellt. Der Weg eines einfachen Programmablaufs ist durch breitere Pfeile angedeutet.

Der Anwender erstellt unter Rückgriff auf standardisiert vorbereitete Dateien (KETTE.CREATE) eine Prozedur zur Steuerung des Gesamtablaufs (KETTE.PROC). Diese dient unter Heranziehung weiterer standardisierter Prozeduren (PROC.CREATE, DIA...) der Erstellung von Steuerung- und Eingabedateien für den eigentlichen PHYDIS-Lauf. In dessen Verlauf werden u.a. vier Auswertungs-Dateien (I., S., L., G.) ausgegeben, wie sie vorstehend erläutert wurden. Schließlich erfolgt ein Anstoß zur Generierung (CREATE2) einer Prozedur (CHANGE-PROC), die der Steuerung der Basiskennzahlen-Berechnung (Datei Z.) durch das Kalkulationsprogramm (MFCALC) dient. Wie Abbildung 6 zeigt, werden die Ausgabedateien bei jedem Nachkalkulationslauf erzeugt und identifizierbar gespeichert.

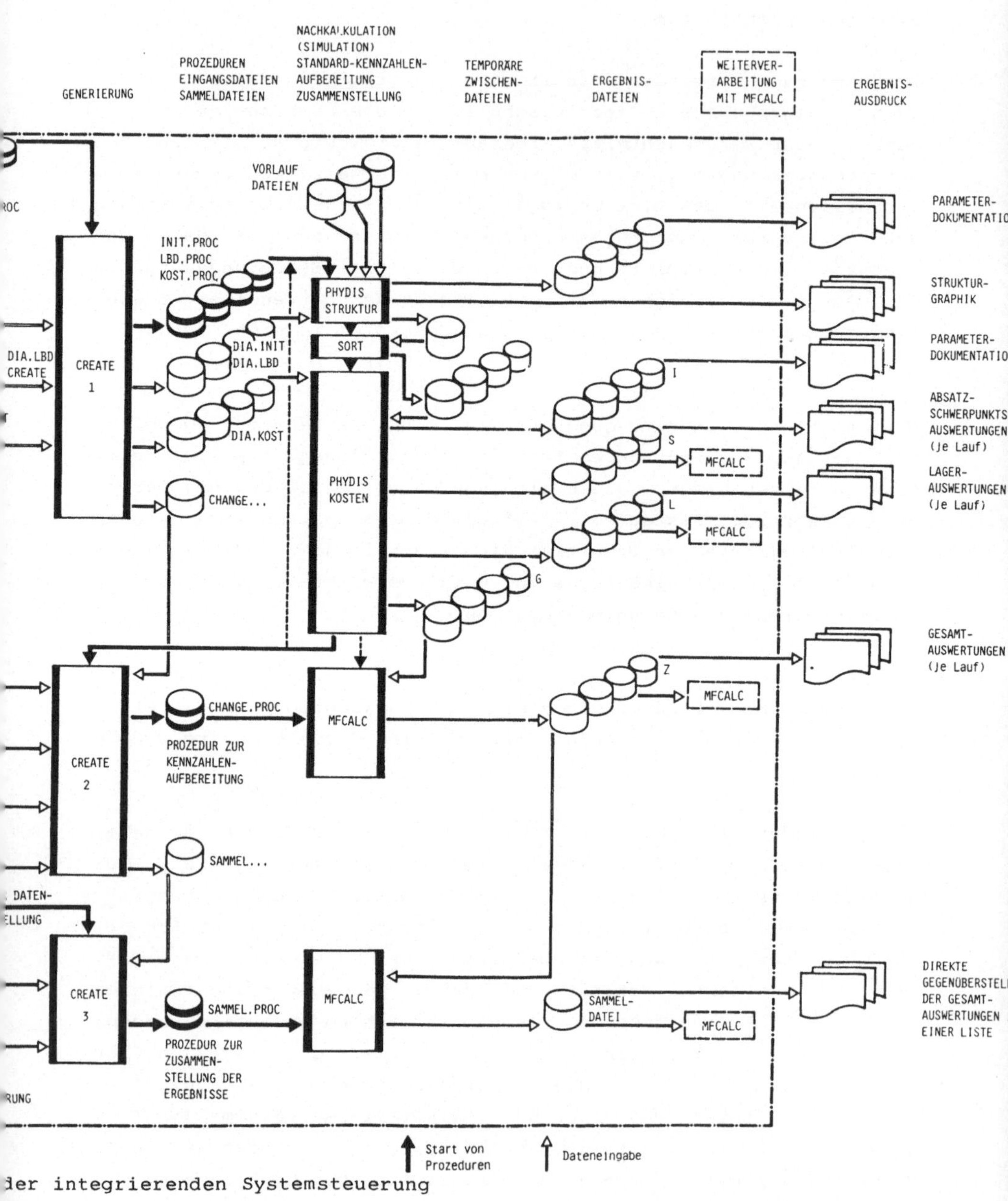

der integrierenden Systemsteuerung

Sie stellen die Datenbasis für weitere Kennzahlenbildungen mittels des Kalkulationsprogramms MFCALC dar (angedeutet durch eine entsprechende Kennzeichnung).

Eine dritte Stufe der Prozedurenbildung (CREATE3) - und damit der automatisierten Programmverknüpfung - stellt die Generierung von Sammelprozeduren (SAMMEL-PROC) dar, die mehrere Gesamtauswertungsdateien (Z) verschiedener Nachkalkulationsläufe in einer Datei übersichtlich zusammenstellen und als Datei (SAMMEL-DATEI) dem Anwender zur Verfügung stellen.

Bei mehreren Nachkalkulationsläufen einer periodischen Anwendung wird durch dieses integrierte System eine automatisierte Verwaltung und Identifikation - ggfs. auch Archivierung - der verschiedenen Ergebnisdateien erreicht. Durch eine Art Buchführung über verschiedene Läufe ist - im Anschluß an eine vorläufige Berechnung der generellen Kennzahlen eines Distributionssystems - eine automatisierte Gegenüberstellung der Ergebnisdaten mehrerer Läufe realisiert worden, die in knapper Form den direkten Vergleich mehrerer Systemzustände in übersichtlicher Form ermöglicht und zu größerer Transparenz bei der Bearbeitung führt. Neben dem wiederholten Einsatz der Nachkalkulation unterstützt dieses System auch weiterführende Simulationsläufe, wie sie im Rahmen der exemplarischen Verfahrensanwendung durchgeführt wurden.

6.6 Basiskennzahlen

Zur Analyse und Reorganisation eines Distributionssystems werden mit dem Kalkulationsprogramm MFCALC auf der Basis der im Rahmen der Nachkalkulation erzeugten Daten die im folgenden besprochenen Basiskennzahlen berechnet. Abbildung 7 gibt eine Übersicht über die ein Distributionssystem beschreibenden Kennzahlen.

Im Anschluß an eine Nachkalkulation sind die angeführten Gesamtkennzahlen zum Warenverteilungssystem, wie auch die Leistungsgrößen einzelner Stufen mit den realen Daten des betrieblichen Rechnungswesens - sofern entsprechende Daten vorliegen - zu vergleichen, um die modellmäßige Nachbildung des Distributions-

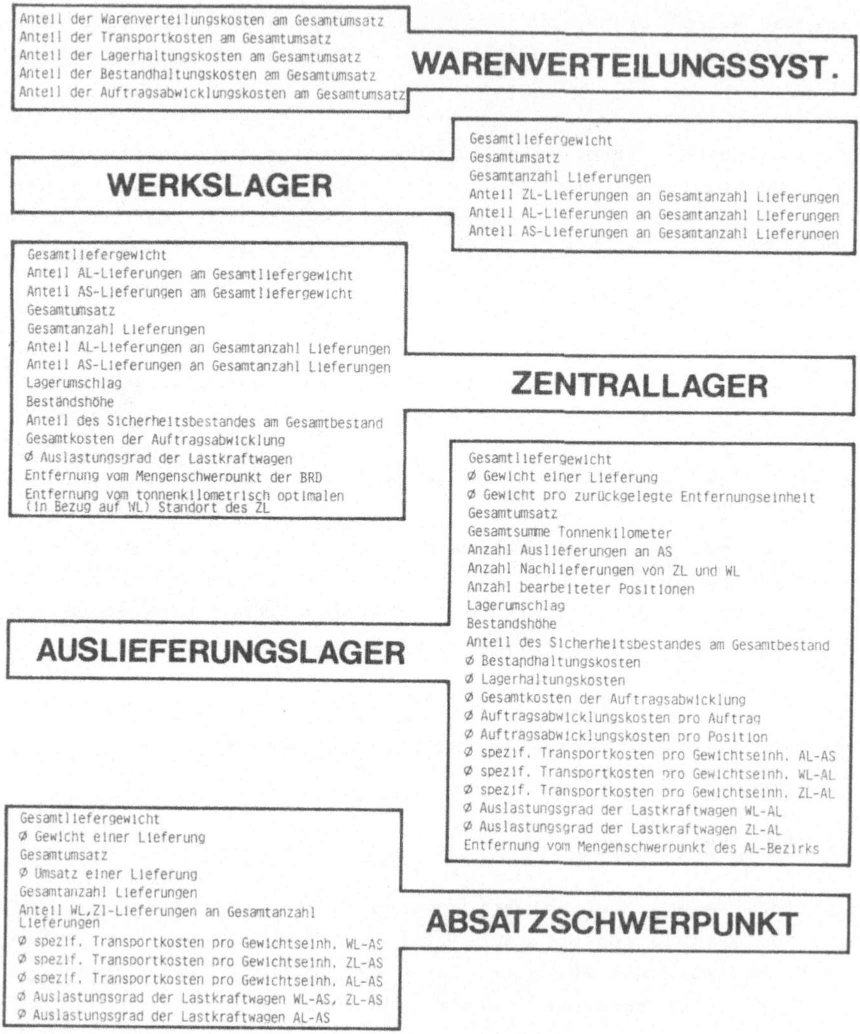

Anteil der Warenverteilungskosten am Gesamtumsatz
Anteil der Transportkosten am Gesamtumsatz
Anteil der Lagerhaltungskosten am Gesamtumsatz
Anteil der Bestandhaltungskosten am Gesamtumsatz
Anteil der Auftragsabwicklungskosten am Gesamtumsatz

WARENVERTEILUNGSSYST.

WERKSLAGER

Gesamtliefergewicht
Gesamtumsatz
Gesamtanzahl Lieferungen
Anteil ZL-Lieferungen an Gesamtanzahl Lieferungen
Anteil AL-Lieferungen an Gesamtanzahl Lieferungen
Anteil AS-Lieferungen an Gesamtanzahl Lieferungen

Gesamtliefergewicht
Anteil AL-Lieferungen am Gesamtliefergewicht
Anteil AS-Lieferungen am Gesamtliefergewicht
Gesamtumsatz
Gesamtanzahl Lieferungen
Anteil AL-Lieferungen an Gesamtanzahl Lieferungen
Anteil AS-Lieferungen an Gesamtanzahl Lieferungen
Lagerumschlag
Beständshöhe
Anteil des Sicherheitsbestandes am Gesamtbestand
Gesamtkosten der Auftragsabwicklung
∅ Auslastungsgrad der Lastkraftwagen
Entfernung vom Mengenschwerpunkt der BRD
Entfernung vom tonnenkilometrisch optimalen
(in Bezug auf WL) Standort des ZL

ZENTRALLAGER

Gesamtliefergewicht
∅ Gewicht einer Lieferung
∅ Gewicht pro zurückgelegte Entfernungseinheit
Gesamtumsatz
Gesamtsumme Tonnenkilometer
Anzahl Auslieferungen an AS
Anzahl Nachlieferungen von ZL und WL
Anzahl bearbeiteter Positionen
Lagerumschlag
Bestandshöhe
Anteil des Sicherheitsbestandes am Gesamtbestand
∅ Bestandhaltungskosten
∅ Lagerhaltungskosten
∅ Gesamtkosten der Auftragsabwicklung
∅ Auftragsabwicklungskosten pro Auftrag
∅ Auftragsabwicklungskosten pro Position
∅ spezif. Transportkosten pro Gewichtseinh. AL-AS
∅ spezif. Transportkosten pro Gewichtseinh. WL-AL
∅ spezif. Transportkosten pro Gewichtseinh. ZL-AL
∅ Auslastungsgrad der Lastkraftwagen WL-AL
∅ Auslastungsgrad der Lastkraftwagen ZL-AL
Entfernung vom Mengenschwerpunkt des AL-Bezirks

AUSLIEFERUNGSLAGER

Gesamtliefergewicht
∅ Gewicht einer Lieferung
Gesamtumsatz
∅ Umsatz einer Lieferung
Gesamtanzahl Lieferungen
Anteil WL,ZL-Lieferungen an Gesamtanzahl
Lieferungen
∅ spezif. Transportkosten pro Gewichtseinh. WL-AS
∅ spezif. Transportkosten pro Gewichtseinh. ZL-AS
∅ spezif. Transportkosten pro Gewichtseinh. AL-AS
∅ Auslastungsgrad der Lastkraftwagen WL-AS, ZL-AS
∅ Auslastungsgrad der Lastkraftwagen AL-AS

ABSATZSCHWERPUNKT

WL = Werkslager ,   AL = Auslieferungslager

ZL = Zentrallager,   AS = Absatzschwerpunkt

Abb. 7: Auswahl von Basiskennzahlen nach Gesamtsystem, Lagerstufen und Absatzschwerpunkt (verdichtete Kundenebene)

systems auf hinreichende Übereinstimmung mit der Realität zu
überprüfen. Eine konkrete Handlungsanleitung für diese Prüfung
kann jedoch nicht allgemeingültig gegeben werden, da eine wissen-
schaftlich-empirische Validierung eines homomorphen, d.h. besten-
falls wirklichkeitsnahen Modells wie des angewendeten Simulationsmodells, grundsätzlich nicht möglich ist (vgl. dazu insbesondere BLANK 1980, S. 72 ff.).

Im Anschluß an die Basiskennzahlenberechnung kann sich gegebenenfalls die individuelle Entwicklung und Berechnung betriebsspezifischer Kennzahlen - ebenfalls mit dem Kalkulationsprogramm
MFCALC - anschließen, um speziellen betrieblichen Belangen und
Gegebenheiten Rechnung zu tragen.

Zur weiteren Vorgehensweise erscheint es sinnvoll, von den einzelnen Ebenen des Distributionssystems nur die Ebene "Absatzschwerpunkte" zu betrachten und darüberhinaus nach den Systemkom-
ponenten "Transport" und "Lager" zu differenzieren. Die Erörterung ausgewählter Basiskennzahlen weicht damit von der Gliederung
ab, wie sie in Abbildung 7 gegeben ist, da gleichartige Kennzahlen auf den verschiedenen Ebenen eines Distributionssystems
vorhanden sind und eine Trennung daher nicht sinnvoll wäre. Aus
den schon in Kapitel 4 genannten Gründen heraus sollen Kennzahlen
zur Auftragsabwicklung nicht betrachtet werden.

6.6.1 Kennzahlen zur Ebene "Absatzschwerpunkte"

Zur Beschreibung der Absatzschwerpunkte werden unter anderem folgende Größen, die sich jeweils auf einen Absatzschwerpunkt beziehen, ermittelt:

a) - Gesamtliefergewicht, d.h. das Gewicht aller Lieferungen
     einer Periode
b) - Gesamtumsatz einer Periode
c) - Anzahl Kunden
d) - Gesamtanzahl Lieferungen einer Periode
e) - Anteil Direktbelieferungen ZL an der Gesamtanzahl Lieferungen
f) - Anteil Direktbelieferungen WL an der Gesamtanzahl Lieferungen

g) - Anteil Direktbelieferungen ZL am Gesamtliefergewicht
h) - Anteil Direktbelieferungen WL am Gesamtliefergewicht

Während es sich bei den Größen a) - c) um Grundgrößen (absolute Zahlen, hier Summen) handelt, welche der Berechnung weiterer Kennzahlen dienen, sind die Kennzahlen e) und g) als Verhältniszahlen (hier Beziehungszahlen) geeignet, den Anteil derjenigen Lieferungen herauszustellen, welche bei der Dimensionierung der Auslieferlagerbezirke nicht zu berücksichtigen sind, sondern wesentlichen Einfluß auf den Standort des Zentrallagers haben. Die Differenzierung dieser Kennzahl nach gewichtsmäßigem und stückzahlmäßigem Anteil ist notwendig, weil zur Berechnung der Transportkosten neben der Angabe der Entfernung und der Gesamttonnage auch die Anzahl der erforderlichen Lieferungen nötig ist. Darüberhinaus geben sie Aufschluß über die durchschnittliche Größe der Direktbelieferungen. Entsprechende Berechnungen für Direktbelieferungen von den Werkslägern zeigen f) und h).

Aussagefähige Größen zur Beschreibung des Absatzschwerpunktes sind diejenigen, welche Auskunft über das Bestellverhalten der zugeordneten Kunden geben. Dies sind die Beziehungszahlen :

$$\text{i) durchschnittliches Gewicht einer Lieferung} = \frac{\text{Gesamtgewicht}}{\text{Anzahl der Bestellungen}} \quad,$$

auch Dropgröße genannt, und

$$\text{j)} \quad \frac{\text{Dropgröße}}{\text{Anzahl der Bestellungen}}.$$

Die Dropgröße ermöglicht eine erste Aussage darüber, ob im Absatzschwerpunkt eher potentielle Großkunden oder eher kleine Kunden zusammengefaßt vorliegen. Diese Fakten werden prinzipiell auch durch die Beziehungszahlen "Gesamtumsatz pro Periode/Anzahl Kunden" und "Gesamtgewicht pro Periode/Anzahl Kunden" wiedergegeben. Darüberhinaus erlaubt die Größe "Gesamtgewicht/Anzahl der Bestellungen" eine Analyse des Bestellverhaltens der betreffenden Kunden im Absatzschwerpunkt, d.h. es kann geprüft werden, inwieweit dort die Kunden versuchen, durch häufiges Bestellen kleiner Mengen ihre eigene Lagerhaltung und damit auch die Lagerhaltungs-

und Bestandhaltungskosten auf den Lieferanten abzuwälzen. Folgendes Beispiel zeigt, daß nicht allein das durchschnittliche Liefergewicht (Dropgröße) zur Beurteilung des Kunden herangezogen werden kann, sondern, daß dieses zur Anzahl der Bestellungen in Relation zu setzen ist:

Kunde A bestellt 1 mal pro Periode 10 kg,
daraus ergeben sich die Kennzahlen zu :

$$\text{Dropgröße} = 10/1 = 10$$
$$\text{Dropgröße / Anzahl Bestellungen} = 10/(1*1) = 10 \ .$$

Kunde B bestellt 10 mal pro Periode 10 kg,
daraus ergeben sich die Kennzahlen zu :

$$\text{Dropgröße} = 100/10 = 10$$
$$\text{Dropgröße / Anzahl Bestellungen} = 100/(10*10) = 1 \ .$$

Während für beide Kunden die gleiche Dropgröße errechnet wird, zeigt die Größe "Dropgröße/Anzahl der Bestellungen", welche für den Kunden A den Wert 10 und für den Kunden B den Wert 1 annimmt, daß das Bestellverhalten des ersten Kunden akzeptiert werden kann (er kann seine "10 kg" ja auch gar nicht "besser" bestellen). Für den zweiten Kunden wäre zu prüfen, ob nicht versucht werden sollte, diesen durch geeignete Maßnahmen, z.B. Mengenrabatte, zu einer Verdichtung seiner Bestellungen zu weniger häufigen und größeren Liefermengen zu bewegen. Eine derartige Untersuchung der Absatzschwerpunkte erweist sich dann als sinnvoll, wenn der Anteil der Kleinlieferungen, welche meist unverhältnismäßig hohe Distributionskosten verursachen, bezogen auf die Gesamtheit der zu verteilenden Mengen besonders hoch ist.

Neben der Betrachtung eines einzelnen Absatzschwerpunktes bietet sich der Vergleich der Kennzahlen verschiedener Absatzschwerpunkte an, um so ggfs. gebietsabhängige Besonderheiten zu lokalisieren. Die in Abbildung 7 darüberhinaus angeführten Größen werden im Rahmen der Systemkomponente Transport angesprochen.

6.6.2 <u>Kennzahlen zum "Transport"</u>

Transporte dienen der Verbindung der Ebenen eines Distributionssystems. Die Kosten dieser Transporte werden, eine vorgegebene Auftragsstruktur unterstellt, beeinflußt von:

- der Anzahl und den Standorten der Auslieferungsläger,
- der Zuordnung der Absatzschwerpunkte zu den Auslieferungslägern,
- dem Standort des Zentrallagers,
- den Standorten der Werksläger (diese werden als nicht beeinflußbar angesehen),
- der Höhe des Direktbelieferungskriteriums (nach Gewicht bei sehr homogenen Produkten, sonst nach Umsatz),
- dem Nachlieferrhythmus für die Belieferung der Auslieferungsläger und
- der geforderten Lieferzeit.

Weitere, z.B. produktspezifische Einflüsse auf die Transportkosten bleiben unberücksichtigt, da sie nicht Gegenstand einer Analyse und Reorganisation des Distributionssystems sind.

Neben den spezifischen Transportkosten pro Mengeneinheit (kg), welche für alle Warenströme im Distributionssystem erhoben werden können, stellt die Kennzahl "durchschnittlicher Auslastungsgrad des LKW" einen aussagefähigen Indikator dar, der es erlaubt, Schwachstellen im Distributionssystem aufzuspüren, ohne die Vergleichbarkeit der Kennzahl bei den verschiedenen Transportrelationen vorab überprüfen zu müssen. Die spezifischen Transportkosten hingegen werden durch das Gewicht der Lieferungen <u>und</u> die Länge der Transportstrecke determiniert, weshalb ihre Vergleichbarkeit allenfalls dann gewährleistet ist, wenn eine der beiden Größen als konstant betrachtet wird. Zum Vergleich der einzelnen Auslieferlagerbezirke untereinander ist weiterhin die Leistungsgröße "geleistete Tonnenkilometer pro Periode" zu ermitteln.

Rückschlüsse zur Beurteilung der jeweiligen Auslieferungslagerstandorte läßt die Größe "Entfernung des Auslieferungslagers vom Mengenschwerpunkt des Auslieferungs-Bezirks" zu. Zu große Entfernungen lassen hier auf eine ungünstige Standortwahl des

Auslieferungslagers oder aber auf eine ungünstige Zuordnung der Absatzschwerpunkte schließen.

Abbildung 8 zeigt eine Übersicht der Basiskennzahlen zur Systemkomponente Transport.

6.6.3 Kennzahlen zur "Lagerung"

Die Akkumulation der Kundenbestellungen eines Lieferbezirks in der zu betrachtenden Periode bestimmt die Leistung eines Lagers. Datenerhebung, Nachkalkulation und Kennzahlenaufbereitung stellen für jedes Lager u.a. folgende Basiskennzahlen zur Verfügung:

- den Lagerumschlag, d.h. das Gewicht der in der Periode umgeschlagenen Güter,
- den damit erzielten Umsatz,
- die Anzahl abgewickelter Lieferungen in der Periode,
- die Anzahl abgewickelter Positionen in der Periode,
- die Anzahl Kunden im Lieferbezirk,
- die Anzahl zugeordneter Absatzschwerpunkte,
- die durchschnittliche Bestandshöhe während der Periode,
- die kalkulierten Lagerhaltungskosten
- die Bestandhaltungskosten und
- die Koordinaten des tonnenkilometrischen Mengenschwerpunktes
  jedes Lieferbezirks.

In ihrer absoluten Höhe geben diese absoluten Kennzahlen die Größenordnung des betrachteten Lagers an. Als Spitzenkennzahl zur Bewertung eines Lagers bietet sich die Beziehungszahl "spezifischen Lagerkosten" an, die sich aus der Summe der Lagerhaltungs- und Bestandhaltungskosten, bezogen auf den bewältigten Lagerumschlag ergibt.

$$\text{Spezifische Lagerkosten} = \frac{\text{Summe der Lagerhaltungskosten} + \text{Summe der Bestandhaltungskosten}}{\text{Lagerumschlag}}$$

Sie ermöglicht bei unternehmenseigener Lagerhaltung den Vergleich

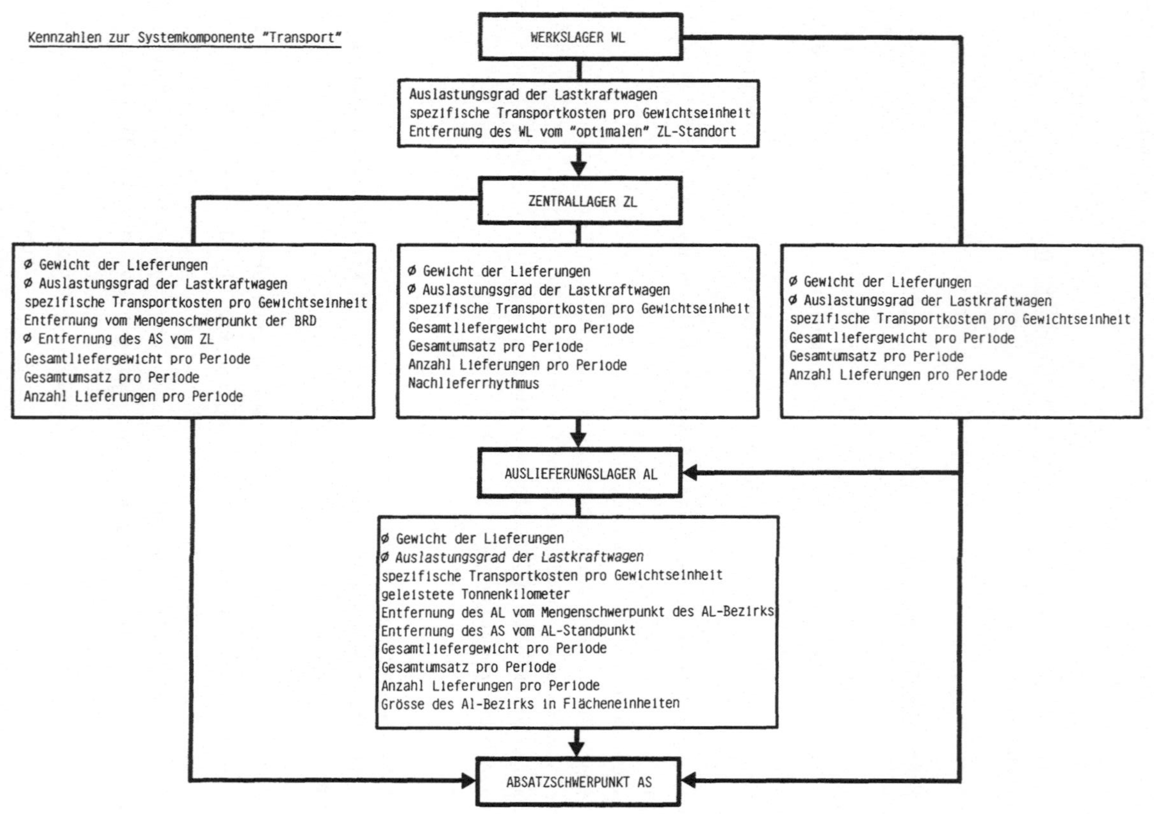

Abb. 8: Basiskennzahlen zum Transport

der Läger einer Lagerstufe untereinander - sowie ggfs. die Feststellung der Abhängigkeit dieser spezifischen Lagerkosten von der Umschlagsgrößenordnung der Läger; sie bietet auch eine Kontrollmöglichkeit der Lagerkosten im Zeitablauf.

Zur Bestimmung der Sicherheitsbestände sind zwei Verfahrensweisen realisiert worden. Dies ist zum einen die Auswertung zusätzlich empirisch erhobener Bestandshöhen, zum anderen die retrograde Bestimmung der Verteilung der Nachfragestruktur in jedem Auslieferungslager und - darauf basierend - die Bestimmung notwendiger Sicherheitsbestände für den gewählten Verfügbarkeitsgrad. Neben einer Kontrolle der tatsächlich vorgehaltenen Bestände ist damit auch die Möglichkeit gegeben, die in der betrieblichen Realität praktizierten Verfahren zu berücksichtigen.

Eine Beziehungszahl, die einen Vergleich mehrerer Läger gestattet, ist die Größe der "spezifischen Bestandhaltungskosten", die sich aus der Summe der Bestandhaltungskosten eines Lagers bezogen auf den Lagerumschlag ergeben. Als Gliederungskennzahl wird die Umschlagsdauer (oder durchschnittliche Lagerdauer) häufig verwendet, bei der die durchschnittliche Bestandshöhe auf den Lagerumschlag der Periode bezogen wird. Der Kehrwert dieses Quotienten gibt die Lagerumschlagshäufigkeit pro Periode an. Beide Kennzahlen eignen sich zum innerbetrieblichen, wie auch zum zwischenbetrieblichen, branchenbezogenen Vergleich. Im innerbetrieblichen Vergleich weisen sie auf überhöhte Bestände hin.

Als absolute Kennzahl ist im Zeitablauf bei periodischer Kennzahlenbildung die Summe der Sicherheitsbestände einer Lagerstufe geeignet, eine durch Nachfrage- und Sortimentsveränderungen notwendig werdende Lagerstrukturanpassung zu erkennen. Eine gezielte Ursachenforschung ermöglicht dabei die je Lager gebildete Beziehungszahl 'Sicherheitsbestand zu Lagerumschlag'.

Die Bestimmung des tonnenkilometrischen Mengenschwerpunktes, der als Koordinatenpaar angegeben wird und mit dem tatsächlichen Standort des Lagers verglichen werden kann, dient der Überprüfung der Lage des Lagers. Der Mengenschwerpunkt gibt dabei die räumlich-geographische Lage des Schwerpunkts der Nachfrage eines

Lieferbezirkes wieder. Abweichungen des Lagerstandortes von dieser Lage geben ggfs. Hinweise auf eine Verschiebung des Lagers zu einem letztlich kostengünstigeren Standort. Besondere Bedeutung hat dies bei der Standortwahl für das Zentrallager - sofern dieser Standort als disponibel anzusehen ist -, da vom Zentrallager aus zunächst der größte Warenstrom ausgeht und dieser in Anbetracht hoher Transportkosten besondere Kostenrelevanz besitzt. Eine Verlegung und Neueinrichtung eines Zentrallagers bedarf jedoch nicht zuletzt wegen hoher einzusetzender Investitionsbeträge einer weitergehenden Prüfung.

Mit den hier dargestellten, beispielhaften Überlegungen konnte nur ein sehr kleiner Teil der generellen Möglichkeiten von Kennzahlenbildungen und -vergleichen angesprochen werden. Sie mögen jedoch einen Eindruck vermittelt haben von der Leistungsfähigkeit einer detaillierten, verursachungsgerechten und damit leistungsorientierten Kostenzuordnung und einer umfassenden Gegenüberstellung von Kosten- und Leistungsdaten zu Zwecken der Analyse und der laufenden (periodischen) Kontrolle von Distributionssystemen.

Die im nächsten Kapitel dargestellte exemplarische Anwendung des Verfahrens zeigt darüberhinaus auch Möglichkeiten zur Ableitung von Reorganisationsmaßnahmen auf.

7. Exemplarische Anwendung des entwickelten Verfahrens

Der Entwicklung des Verfahrens zur kennzahlengestützten Analyse und Reorganisation von Distributionssystemen wurde eine exemplarische Anwendung zu dessen Erprobung angeschlossen. Wie in Kapitel 3 bereits erläutert, ist es nicht Ziel des Verfahrens, ein abgeschlossenes Kennzahlenssystem des Distributionsbereiches zu erarbeiten, da fallweise zu berücksichtigende Unternehmensbelange regelmäßig spezifische Kennzahlenbildungen erfordern. Vielmehr ist es die Aufgabe, zum einen aus betrieblich verfügbaren Daten – dem Prinzip der Kostenverursachung folgend – durch eine realitätsnahe Simulation eine hinreichende Datenbasis von korrespondierenden Kosten- und Leistungsdaten zu schaffen. Zum anderen ist – neben der standardisierten Berechnung von Basiskennzahlen – der Anwender bei der Entwicklung und Berechnung individueller, betriebsspezifischer Kennzahlen weitestgehend zu unterstützen.

Nach einer Darstellung des ausgewählten Distributionssystems werden einige Analyse- und Reorganisationsansätze aufgezeigt.

7.1 Darstellung des ausgewählten Distributionssystems

Zur exemplarischen Anwendung des Verfahrens wurde als Untersuchungsfeld ein Markenartikel-Hersteller im Bereich der Konsumgüterindustrie gewählt. Die Distributionsaufgabe dieses Unternehmens besteht in der bedarfsgerechten Versorgung von Kunden (überwiegend Wiederverkäufer), die flächig über das Gebiet der Bundesrepublik Deutschland verteilt sind. Generell ist eine Lieferzeit von 48 Stunden zu gewährleisten. Die Gesamt-Distributionskosten beliefen sich auf ca. 12 Millionen DM/Jahr.

Als Bezugszeitraum in der Vergangenheit, dem die zu erhebenden Daten entstammen sollten, wurden drei repräsentative Monate des Vorjahres ausgewählt, die auch hinsichtlich der zukünftigen Entwicklung als repräsentativ anzusehen waren und somit die Nachfrage als Anforderung an das Distributionssystem zuverlässig widerspiegelten.

Ausgangspunkt der Distribution dieser Unternehmung sind vier Produktionsstätten, die jeweils ein abgegrenztes, überschneidungsfreies Sortiment herstellen und zunächst in vier Werkslägern einlagern, die den Produktionsstätten angegliedert sind. Die Produktionsstätten gelten aufgrund der dort investierten Mittel als nicht verschiebbar, d.h. ihre Standorte - und damit auch die Werkslagerstandorte - sind als Rahmenbedingung vorgegeben. Vornehmlich wegen seiner zentralen Lage innerhalb der Bundesrepublik Deutschland übernimmt eines der Werksläger als Zentrallager die Funktion des Sortimentsausgleichs für die vier Produktspektren.

Diesem Zentrallager nachgeordnet existierten im Ist-Zustand 28 Auslieferungsläger. Das Lager Berlin galt dabei für Strukturveränderungen als nicht disponibel, da aufgrund der exponierten und isolierten Lage West-Berlins die Wahrnehmung der Auslieferfunktion durch ein außerhalb Berlins - im Bereich der Bundesrepublik Deutschland - gelegenes Auslieferungslager nicht wirtschaftlich realisierbar ist. Damit lag ein dreistufiges Distributionssystem vor. Die Erhebung der Lagerstandorte wurde erleichtert durch eine Lagerdatei, in der die Standorte verzeichnet waren, ohne allerdings Auskunft geben zu können über die Belastungsgrößen einzelner Läger oder die Einteilung der Liefergebiete. Eine Kundendatei war zwar verfügbar, sie enthielt jedoch, außer Lage- und Entfernungsangaben, keine aktuellen Leistungsgrößen und Angaben zum Bestellverhalten der Kunden.

Die Fächerung des Sortiments konnte anhand einer Artikelstammdatei erhoben werden, in der auch durch entsprechende Indizes die Herkunft der Artikel bezüglich der Produktionsstätte gekennzeichnet wurde. Bis auf die dezentralen Werksläger, die nur das in der vorgeschalteten Produktionsstätte erzeugte Produktionspektrum lagerten, verfügten das Zentrallager und sämtliche Auslieferungsläger über das vollständige Sortiment.

Während die Beschickung des Zentrallagers je nach Produktionsanfall mit voll ausgelasteten Transportmitteln erfolgte, geschah die Lagerbelieferung vom Zentrallager aus regelmäßig zweimal je Woche. Die Kommissionierung der Kundensendungen wurde im Auslieferungslager vollzogen. Alle Auslieferungsläger waren ausnahmslos Speditionsläger, wie auch sämtliche Transporte - zwischen allen Lagerstufen und den Kunden - Spediteuren übertragen wurden.

Im Rahmen der Lieferstrategie galt ein allgemeines, gewichtabhängiges (Kunden-) Direktbelieferungskriterium. Das Erreichen oder Überschreiten dieser Grenze durch eine Lieferung fand seinen Niederschlag in einem gewissen Rabatt für den Kunden. So wurden sämtliche Kundenbestellungen, die die Gewichtsgrenze von 1500 kg überschritten, direkt vom Zentrallager an die Kunden ausgeliefert. Eine Mindestauftragsgröße - oder ein für den Kunden kostenpflichtiger Frachtzuschlag - für Klein- und Kleinstsendungen war nicht vorgesehen.

Die Fakturen des ausgewählten Zeitraumes, die Artikelstammdatei, die Kundendatei und die Lagerdatei lagen bereits für betriebliche Zwecke in maschinell lesbarer Form vor. Der Aufwand der zusätzlichen manuellen Datenerhebung beschränkte sich so auf ein Mindestmaß.

Die in praxi durchgeführte Abrechnung der Transportkosten in Form von Einzelabrechnungen anhand der gültigen Frachttarife konnte aufgrund der ohnehin im Modell PHYDIS implementierten Tarifwerke leicht abgebildet werden. Die praktizierte Abrechnung der Lagerhaltungskosten in Form fixer, mengenabhängiger Kostensätze eignete sich nicht für eine Modellabbildung mit den hier verfolgten Zwecken. Um vorläufig eine Basis für eine Kennzahlenrechnung zu erhalten, war es notwendig, aus den summarischen Daten anhand teils bekannter, teils durch Befragung zu ermittelnder, funktionaler Zusammenhänge eine verursachungsgerechte Kostenzuordnung abzuleiten. Eine kooperative Zusammenarbeit mit ausgewählten Spediteuren ermöglichte die Erarbeitung einer repräsentativen Kostenfunktion für die Lagerhaltungskosten, weshalb auf eine ggfs. sehr aufwendige analytische Bestimmung verzichtet werden konnte. Auftragsabwicklungskosten wurden in der Lagerhaltungskosten-Funktion berücksichtigt. Aufgrund ihres äußerst geringen Anteils erschien ihre implizite Behandlung zulässig.

Nach der Aufbereitung der Bewegungs- und Strukturdaten durch das Programmsystem VORLAUF und der Implementierung der Strategie- und Kostendaten im Simulationsmodell wurden mit PHYDIS und MFCALC die empirischen Kosten- und Leistungsgrößen sowie anschließend die Basiskennzahlen automatisiert ermittelt. Nach einem Abgleich mit den realen Leistungs- und Kostendaten zur Überprüfung der Modell- abbildung konnten die folgenden Untersuchungen - unterstützt durch MFCALC - durchgeführt werden.

7.2 Vorgehensweise

Für den Ist-Zustand des Untersuchungsfalles zeigte sich, daß die Transportkosten mit einem Anteil von rd. 69.5 % an den gesamten Distributionskosten gegenüber den Lagerhaltungskosten (25,7 %) und den Bestandhaltungskosten (4,8 %) dominierten. Daher wird zunächst eine Analyse dieser Kostenkomponente unternommen. Die mengen- und entfernungsdegressiv gestalteten Frachttarife begün- stigen eine hohe Auslastung der Transportmittel (hier LKW) sehr stark. Es hat sich als sinnvoll erwiesen, zunächst die Vorfrach- ten, d.h. die Lieferungen Werkslager - Zentrallager, Werkslager - Auslieferungslager sowie Zentrallager - Auslieferungslager, zu untersuchen, da diese Lieferungen vom Kundenauftrag nur indirekt beeinflußt werden und somit einen größeren zeitlichen Gestal- tungsspielraum aufweisen.

Im nächsten Schritt erfolgt eine Analyse des Direktbelieferungs- kriteriums, d.h. auf der Basis der ermittelten Kostendaten ist die Höhe des Frachtgewichts zu überprüfen, ab welcher der Kunde direkt vom Werkslager oder Zentrallager zu beliefern ist.

Beide Maßnahmen führen ggfs. zu Änderungen der Strategie. Sie sind meist mit einem geringeren organisatorischen Aufwand verbun- den als Strukturänderungen eines Distributionssystems. Untersu- chungen zur kostengünstigen Gestaltung von Distributionssystemen mittels der Simulation haben überdies wiederholt aufgezeigt, daß im Strategie-Bereich von Distributionssystemen in der Regel größere Rationalisierungsreserven vorzufinden sind als im Struk- turbereich.

Der letzte Teil der Untersuchung schließlich hat eine Untersuchung der Auslieferungsläger zum Inhalt, um auch auf dieser Systemebene die Summe aus Transport-, Lagerhaltungs- und Bestandhaltungskosten zu minimieren.

7.3   Analyse und Reorganisation des Nachlieferrhythmus

In der untersuchten Unternehmung wurde die Lagerbelieferung in einem Rhythmus von wöchentlich 2 Lieferungen an jedes Auslieferungslager durchgeführt. Abbildung 9 zeigt die Größenordnung der erhobenen Warenströme.

Die Untersuchung der Transporte im Bereich der Lagerbelieferungen ergab zunächst, daß ihre größtmögliche Auslastung zwischen den Werkslägern (von denen eines die Zentrallagerfunktion wahrnimmt) und dem Zentrallager gesichert ist; eine Änderung des Nachlieferrhythmus zu längeren Wiederbeschaffungszeiträumen hin könnte somit keine bessere Auslastung bzgl. der Ladungsklassen erzielen.

Die Belieferung der Auslieferungsläger hingegen erfolgte durchschnittlich mit einem - auf die günstigste Ladungsklasse des Reichskraftwagentarifs bezogenen - Auslastungsgrad der Transportmittel von ca. 22 %, bei der direkten Belieferung der südlichen Auslieferungsläger direkt ab dem dezentralen Werkslager sogar nur ca. 19 %.

Eine Änderung des Nachlieferrhythmus für die Transporte zu den Auslieferungslägern in Richtung längerer Zyklen ließ somit eine bessere Auslastung des Transportmittels und damit eine Durchführung der Frachten im Bereich günstigerer Ladungsklassen erwarten. Den damit sinkenden Transportkosten stehen steigende Lagerkosten gegenüber, da die Lagerbestände notwendig zunehmen. Während der Grundbestand eines Lagers proportional mit der Wiederbeschaffungszeit zunimmt, wächst der notwendige Sicherheitsbestand nur unterproportional. Dennoch wurde, dem Vorsichtsprinzip entsprechend eine proportionale Zunahme der Bestandhaltungskosten angenommen. Die Lagerhaltungskosten steigen hingegen nur mit dem Anteil, der die eigentliche Lagerung bewertet. Der Anteil für das

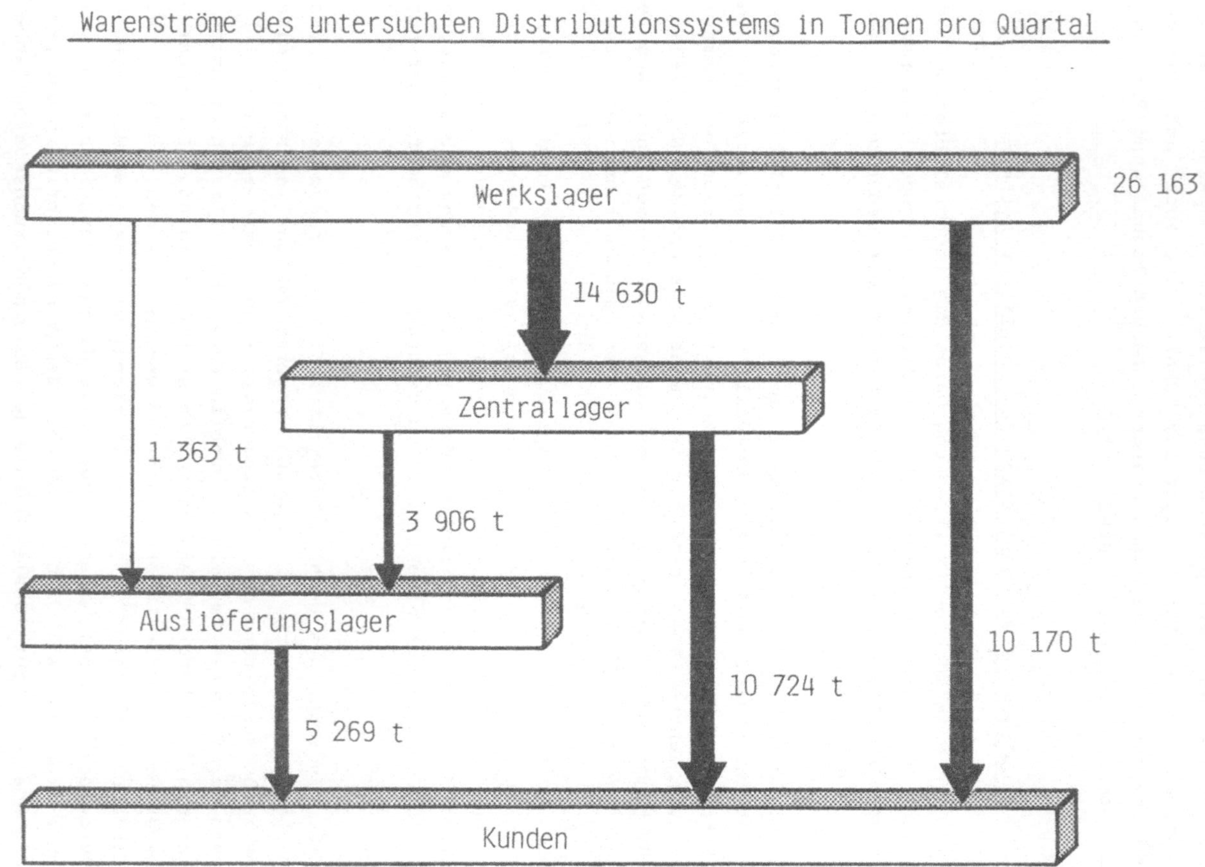

Abb. 9:   Warenströme der untersuchten Unternehmung

Warenhandling nimmt aufgrund der sinkenden Anzahl der Lagerbelieferungen eher ab, wurde aber in dieser Betrachtung als konstant angesetzt.

Lagerbelieferungen sind die einzigen Frachten eines Distributionssystems, die hinsichtlich ihres Umfangs und ihrer Häufigkeit gesteuert werden können. Um eine Beurteilung der Kostenwirksamkeit von Änderungen des Lieferrhythmus zu ermöglichen, wurde eine Gegenüberstellung der zu erwartenden Kostenänderungen in den verschiedenen Teilbereichen vorgenommen.

Anhand der durchschnittlichen Erhöhung der Auslastung der Transportmittel bei einer Senkung des Lagerbelieferungsrhythmus auf eine Lieferung pro Woche konnte unter Heranziehung einer - hinsichtlich der Transportentfernung und des Transportgewichtes durchschnittlichen - Lagerbelieferung ein Kostenvorteil von 23 % gegenüber dem Ist-Zustand ermittelt werden. Diese Größe gibt dabei eine untere Grenze an, da die Auslastungserhöhung von Lieferungen, die kleiner sind als die angenommene durchschnittliche und damit im Bereich einer stärker degressiven Transportkostenfunktion liegen, in der Summe zu größeren Transportkostenvorteilen führt. Dies überkompensiert bei einer Normalverteilung der Liefergrößen auch den Effekt, daß einige größere Lieferungen im Bereich geringerer Degressionsvorteile liegen.

Die Bewertung der Transportkosten der Lagerlieferungen mit der oben pauschal berechneten Kosteneinsparung führt zu einer Senkung der Transportkosten um 408 TDM/a (Tausend DM/Jahr) bei einer wöchentlichen Lagerbelieferung. Berechnet aus einer proportionalen Zunahme der Bestandhaltungskosten und des entsprechenden Lagerhaltungskostenanteils belief sich die Erhöhung der Lagerkosten auf rd. 239 TDM/a. Insgesamt war so eine - vorsichtig abgeschätzte - Kostensenkung von rd. 169 TDM/a zu erwarten, was einem Anteil von rd. 1,4 % der Gesamtdistributionskosten entsprach.

Weiterhin wurde die Verlangsamung des Nachlieferungsrhythmus auf eine vierzehntägige Belieferung untersucht. Die gleichartig durchgeführte Berechnung wies zwar bei einem stark verbesserten

Auslastungsgrad der Transportmittel von mehr als 85 % einen weiteren Transportkostenvorteil in Höhe von ca. 274 TDM/a aus. Hingegen war bei den Bestandhaltungskosten ein Anstieg um rd. 470 TDM/a zu verzeichnen, der zwar die Obergrenze der Kostensteigerung darstellt, aber den Kostenvorteil im Transportbereich so deutlich überkompensiert, daß in der Summe eine Gesamtkostenerhöhung zu erwarten war.

Darüberhinaus muß hier noch eine praktische Erwägung hinzugezogen werden, die die Mehrbelastung der Speditionsläger betrifft. Eine Bestandserhöhung auf das nahezu Vierfache bringt eine Mehrbelastung der Läger mit sich, die nicht von jedem Lagerhalter aufgefangen werden kann. In einigen Fällen wäre damit ein Wechsel des Lagerhalters notwendig gewesen, was zumindest einen großen organisatorischen Aufwand verursacht. In der Regel sind weitere unternehmungsspezifische Randbedingungen zu berücksichtigen, auf die hier jedoch nicht eingegangen werden kann.

Die Ausweitung dezentraler Bestände ist zwangsläufig mit einer längeren Lagerzeit der Ware verbunden, die nicht in allen Branchen hingenommen werden kann. Beispielsweise muß eine solche Maßnahme im Lebensmittelsbereich der Konsumgüterindustrie insbesondere im Hinblick auf die Verbindlichkeit des jüngst eingeführten Mindesthaltbarkeitsdatums bedenklich erscheinen und daher in ihren Konsequenzen gesondert geprüft werden. Vordergründig erkennbare Einsparungsmöglichkeiten bedürfen daher grundsätzlich einer umfassenden, eingehenden Prüfung aller damit verbundenen Konsequenzen.

Die Abhängigkeit eines kostengünstigen Lagerbelieferungsrhythmus von den kalkulatorischen Zinsen der Kapitalbindung und dem Wert der Waren (Bewertungspreis) relativ zum Gewicht ist offensichtlich; eine zukünftige gravierende Änderung dieser Größen erfordert die Überprüfung des Nachlieferrhythmus.

Die Abschätzung eines kostengünstigen Nachlieferrhythmus durch diese kennzahlengestützte Methode wurde durch detaillierte Simulationsläufe des untersuchten Distributionssystems bei verschiedenen Nachlieferrhythmen überprüft. Dabei ergaben sich u.a. geringfügig höhere Kosteneinsparungen im Transportbereich und ein nicht so steiler Anstieg der Bestandhaltungskosten, insbesondere aufgrund einer statistisch-retrograden Berechnung notwendiger Sicherheitsbestände.

Bei wöchentlicher Lagerbelieferung wurden durch die Simulation Kosteneinsparungen von rd. 180 TDM/a (1,5 % der Gesamtdistributionskosten) nachgewiesen, während bei vierzehntägiger Belieferung ein Kostenanstieg von rd. 177 TDM/a berechnet wurde. Berücksichtigt man die antizipierte, konzeptionsbedingte Abweichung der kennzahlengestützten Berechnung, so ist die weitgehende Übereinstimmung dieser Ergebnisse eindeutiger Nachweis für die Validität der Berechnung, die damit in die richtige Richtung strategischer Reorganisationsmaßnahmen weist.

7.4 Analyse und Reorganisation der Direktbelieferung

Ausgehend von der Überlegung, daß es bei hinreichend großen Aufträgen des Kunden sinnvoll sein kann, diese vom Werks- oder Zentrallager direkt zu liefern, statt den Umweg über ein Auslieferungslager zu beschreiten, können anhand von Kennzahlen Bedingungen für die Auswahl eines dieser Wege abgeleitet werden.

Bei einer Belieferung des Kunden über ein Auslieferungslager sind die folgenden Komponenten der Distributionskosten einzubeziehen:
Summe relevanter Distributionskosten
=   Transportkosten (Werkslager/Zentrallager - Auslieferungs-
                                                              lager)
+   Lagerhaltungskosten des Auslieferungslagers
+   Bestandhaltungskosten des Auslieferungslagers
+   Transportkosten (Auslieferungslager-Absatzschwerpunkt).

Im Falle einer Direktbelieferung sind nur die direkten Transportkosten zu berücksichtigen:

Summe relevanter Distributionskosten
=   Transportkosten (Werkslager/Zentrallager - Absatzschwerpunkt)

Bei der Auswertung der durchschnittlich von einem Auslieferungslager zum Kunden zurückzulegenden Entfernung ergab sich, daß beim
Vorliegen von 28 Auslieferungslägern rd. 38 km zurückzulegen
sind. Für die mittlere Entfernung vom Zentrallager zum Auslieferungslager ergab sich ein Wert von 186 km. Eine Überprüfung im
Untersuchungsfall ergab, daß Direktbelieferungen von einem Werkslager zum Kunden nicht berücksichtigt werden müssen, da lediglich
eine zu vernachlässigend geringe Anzahl von Kundenaufträgen der-
artig große Einzelpositionen aufwiesen, daß sie eine solche Belieferung rechtfertigten. Somit konnten die für eine Direktbelieferung in Frage kommenden Aufträge aufgrund der Verschiedenartig-
keit der darin enthaltenen Produktgruppen nur vom Zentrallager
ausgeliefert werden.

Zur Berechnung der bei einer Lieferung über das Auslieferungslager anfallenden Lagerhaltungs- und Bestandhaltungskosten wurde
in Anlehnung an die durchschnittliche Umschlagshäufigkeit davon
ausgegangen, daß die Lieferung durchschnittlich 2,5 Tage dort
verbleibt, ehe sie zum Kunden versandt wird. Es ergaben sich
Bestandhaltungskosten in Höhe von 0,60 DM/kg und 2,5 Tagen sowie
Lagerhaltungskosten in Höhe von 4,50 DM/kg und 2,5 Tagen. Sodann
wurden für Liefergewichte von 1 bis 10 Tonnen die jeweiligen
Frachttarife für 38 km (Auslieferung AL - AS) sowie für 186 km
(Direktbelieferung ZL - AS) auf der Basis des RKT (Reichskraft-
wagentarifs) berechnet. Bei der Ermittlung der Vorfrachten (ZL -
AL) wurde unterstellt, daß diese bereits soweit optimiert sind,
daß stets zum 23 Tonnen-Tarif, d.h. mit voller Auslastung des
Transportmittels, transportiert und abgerechnet wird.

Bei der Durchführung der Vergleichsrechnung wurde die Annahme
getroffen, daß die Entfernung Zentrallager - Auslieferungslager
gleichzusetzen ist mit der durchschnittlichen Entfernung Zentrallager - Absatzschwerpunkt. Eine zur Überprüfung dieser Annahme
durchgeführte Kontrollrechnung zeigte im Mittel nur unwesentliche
Abweichungen auf.

Gemäß RKT ergaben sich für 23 Tonnen und 186 km Transportkosten
in Höhe von 1.047.-- DM/23 Tonnen = 45,52 DM pro Tonne. Da Vorfrachten, unabhängig von ihrem tatsächlichen Gewicht, stets als

Bestandteil einer 23 Tonnen-Fracht betrachtet werden, ergeben sich somit lineare Transportkosten gemäß der Beziehung:

$$TK(ZL-AL) = \text{Liefergewicht (kg)} * 0,04552 \quad (in\ DM/kg)$$

Während die Tarife für die Auslieferung (AL - AS) im Bereich von 1 - 10 Tonnen nur einen schwach degressiven, annähernd linearen Verlauf aufweisen, sind die Transportkosten für die Direktbelieferung (ZL - AS) durch einen stark degressiven Verlauf gekennzeichnet. Die Gegenüberstellung der relevanten Distributionskosten für die zu vergleichenden Transportwege für mehrere Liefergewichte zwischen 1 und 10 Tonnen zeigte eine ungefähre Kostengleichheit bei einem Liefergewicht von ca. 2,5 t. Unter den angenommenen durchschnittlichen Bedingungen war damit eine Direktbelieferung bei einem Liefergewicht von weniger als 2,5 Tonnen teurer, als eine Versendung über das Auslieferungslager - und umgekehrt. Ein kostengünstiges Direktbelieferungskriterium war damit im Bereich von 2,5 Tonnen zu suchen.

Die Anhebung des Direktbelieferungskriteriums von 1,5 t auf 2,5 schränkt die Anzahl der Direktbelieferungen der Kunden stark ein und erhöht gleichzeitig das Transportaufkommen bei der Lagerlieferung der Auslieferungsläger beträchtlich. Dies rechtfertigte im nachhinein die oben getroffene Annahme der vollständigen Auslastung der Transportmittel auf diesem Weg und damit den Berechnungsmodus der Kosten.

Eine Berechnung des o.g. Kostenvergleichs für das bessere Direktbelieferungskriterium und die Hochrechnung bezüglich der betroffenen Transportmengen ergab eine Kosteneinsparung in Höhe von rd. 144 TDM/a (ca. 1,2 % der Gesamtdistributionskosten), die mit rein organisatorischen Maßnahmen erreicht werden können. Die Grundüberlegung hierfür war, daß mit geringerer Entfernung vom Zentrallager zum Absatzschwerpunkt auch Lieferungen unterhalb des Direktbelieferungskriteriums in Höhe von 2,5 Tonnen kostengünstiger direkt zu liefern seien als über das Auslieferungslager, und vice versa.

Die Berechnung der Transportkosten auf der Basis von verschiedenen Direktbelieferungskriterien für die Entfernung 50, 100, 200, 300, 400 und 500 km ergab Einsparungen in Höhe von rd. 1,8 % der Distributionskosten, was eine weitere Verbesserung gegenüber einem entfernungsunabhängigen Direktbelieferungskriterium bedeutet. Realisiert wurde die Einführung entfernungsabhängiger Direktbelieferungskriterien in der untersuchten Unternehmung zumindest nicht, da die Geschäftsleitung befürchtete, daß der Kostenvorteil dieser Maßnahme durch die Mehrkosten der zusätzlichen organisatorischen Maßnahmen überkompensiert würde, insbesondere unter Berücksichtigung bereits eingeführter Rabattstaffeln.

Die Zuverlässigkeit der durchgeführten Berechnung auf Basis der Kennzahlen - zur Analyse eines existierenden Direktbelieferungskriteriums und Abschätzung seiner kostengünstigen Größe - zeigt der Vergleich mit dem Wert, der im Rahmen der zu Kontrollzwecken durchgeführten Simulation berechnet wurde. Dort wurde ein Wert von 2,7 Tonnen mit einer Kosteneinsparung von rd. 1,3 % der Distributionskosten (rd. 150 TDM/a) ermittelt.

7.5 Analyse und Reorganisation der Distributionsstruktur

Von besonderer Bedeutung für die Höhe der Transportkosten vom Auslieferungslager zum Kunden sind zum einen die Anzahl dieser Läger, sowie zum anderen die Zuordnung der von diesen zu bedienenden Absatzschwerpunkte.

Die Einrichtung sehr vieler Läger führt zwar zu einer Verkürzung der durchschnittlichen Transportstrecke vom Auslieferungslager zum Kunden, bringt aber aufgrund der Erhöhung des Gesamtsicherheitsbestandes höhere Lagerhaltungs- und Bestandhaltungskosten mit sich. Desweiteren ergeben sich für eine größere Lageranzahl auch höhere Kosten für die Vorfrachten, da sich der durchschnittliche Auslastungsgrad der Transportmittel bei gleichem Nachlieferrhythmus verringert, bzw. eine Erhaltung eines hohen Auslastungsniveaus mit längeren Nachlieferrhythmus und damit höheren Lagerhaltungs- und Bestandhaltungskosten für die Bestände erkauft werden muß.

Eine umfassende Reorganisation der Distributionsstruktur entzieht sich jedoch einer kennzahlengestützten Berechnung, die allenfalls im Einzelfall grobe Abschätzungen liefern kann. Andererseits erlaubt der detaillierte Ausweis von Kennzahlen einzelner Auslieferungsläger deren intensiven Vergleich. Überhöhte Sicherheitsbestände, dezentrale Lagen der Auslieferungsläger innerhalb ihres Lieferbezirkes, etc. geben Anlaß zur gezielten Überprüfung einzelner Lagerstandorte. Die Kennzahlen bieten dann die Möglichkeit einer Kostenabschätzung für überschaubare Detailänderungen, so z.B. Standortverschiebungen, einzelne Lagerauflösungen etc. Im Untersuchungsfall wurden mehrere solcher Maßnahmen untersucht.

Im Rahmen dieser Arbeit entziehen sie sich jedoch - aufgrund der Vielfalt der Überlegungen und Berechnungen - einer detaillierten Darstellung. Darüberhinaus sind sie in noch stärkerem Maße als die vorstehenden Analysen fallspezifischer Natur. Im Ergebnis sei angedeutet, daß aufgrund der gezielten Untersuchung 5 Auslieferungsläger aus unterschiedlichen Gründen bei verschiedensten Konstellationen zur Auflösung vorgeschlagen wurden. Die Einrichtung neuer Lagerstandorte erschien nicht notwendig, da andere Standorte die aufzulösenden Bezirke günstig umgaben. Die Zuordnung der Absatzschwerpunkte zu den jeweiligen Auslieferungslägern erfolgte auf der Basis der spezifischen Kosten in den einzelnen Lägern sowie unter Berücksichtigung der Transportkosten zwischen Auslieferungslager und Absatzschwerpunkt. Da sich die Transportkosten im Bereich bis zu 150 Km nahezu entfernungsproportional verhalten, vereinfachte sich ihre Berechnung entsprechend. Die Abschätzung der erwarteten Kostenvorteile belief sich auf rd. 1 % der Gesamtdistribution.

Eine solche Betrachtung kann jedoch nur zur Ableitung kurzfristiger Maßnahmen dienen, da sie eine ganzheitliche langfristige Gestaltung eines Distributionssystems nicht zu leisten vermag.

Die Simulationsrechnungen zur kostengünstigen Gestaltung der Lagerstruktur zeigten zwar die prinzipielle Richtigkeit der o.g. Maßnahmen, wiesen darüberhinaus jedoch auf eine weitergehende Strukturveränderung mit zusätzlichen Kostenvorteilen hin. Eine ganzheitliche "Strukturoptimierung" bedarf so nach wie vor der detaillierten Simulation.

Dennoch finden kennzahlengestützte Analysen und Abschätzungen der
Kostenwirksamkeit abgegrenzter Maßnahmen ihren Platz in der kurzfristigen, laufenden Kontrolle des Distributionssytems.

8. <u>Zusammenfassung</u>

Die anforderungsgerechte und kostengünstige Gestaltung von physischen Distributionssystemen ist in zunehmendem Maße zu einem
entscheidenden Faktor des Unternehmenserfolgs geworden. Sie
stellt jedoch ein äußerst komplexes Entscheidungsfeld dar, das
die gleichzeitige Betrachtung von Materialfluß-, Standort- und
Lagerhaltungsproblemen erfordert.

Während eine langfristig-orientierte Gestaltung dieses Bereichs
durch den Einsatz aufwendiger Simulationsmodelle geleistet werden
kann, mangelt es in der betrieblichen Praxis an einem kurzfristig
einsetzbaren, wenig aufwendigen Verfahren zur Überprüfung und
Kontrolle der Wirtschaftlichkeit von Distributionssytemen.

Gegenstand dieser Arbeit war daher die Entwicklung eines kennzahlengestützten Verfahrens zur Analyse und Reorganisation von Distributionssystemen. Der Verfahrensentwicklung wurde eine Analyse
existierender Verfahren sowie eine sich um Systematisierung bemü-
hende Analyse und Beschreibung des Untersuchungsfeldes vorangestellt. Auf der Grundlage der systematischen Erfassung des Untersuchungsfeldes wurde ein Verfahren konzipiert und in zwei Komplexen realisiert.

Im ersten Komplex werden detaillierte Kosten und Leistungsdaten
eines Distributionssystems auf der Basis betrieblich verfügbarer,
in der Regel auch maschinell lesbarer Datenbestände ex post generiert. Dies geschieht durch einmalige Simulation der Distributionsvorgänge in einem Modell bei verursachungsgerechter
Kostenbewertung jedes einzelnen Vorganges, der sog. Nachkalkulation, und strukturiertem Ausweis der Kosten- und Leistungsdaten in übersichtlichen Tabellen. Der Aufwand des Simulations-
einsatzes wurde durch ein automatisiertes Anpassungsverfahren auf
die Programmierung von Kostenfunktionen und strukturelle und
strategische Besonderheiten des abzubildenden Distributionssystems beschränkt und so wesentlich verringert.

Im zweiten Komplex werden aufbauend auf diesem hinreichend detaillierten Datenmaterial in einem automatisierten Verfahren

zunächst einige Basiskennzahlen berechnet. Zusammen mit den Kosten- und Leistungsdaten werden sie dem Anwender in einem flexiblen Rechensystem zur weiteren Verarbeitung zur Verfügung gestellt. Das realisierte Rechensystem ermöglicht dem Anwender am Bildschirm - durch die Eingabe einfacher Befehle - das Ausführen beliebiger Rechenoperationen, Zahlenverdichtungen, etc., wobei ihm die Ergebnisse unmittelbar auf dem Bildschirm angezeigt werden. Ohne eigentliche Rechenarbeit leisten zu müssen, bietet sich so dem Anwender die Möglichkeit, weitere individuelle Kennzahlen zu erzeugen und unmittelbar zu beurteilen.

Weitere Merkmale dieses Verfahrens liegen in der übersichtlichen Aufbereitung und Gegenüberstellung der Daten verschiedener Nachkalkulationsläufe zur Prüfung, Trendanalyse etc., und der Möglichkeit zur Bildung von Prozeduren, die eine automatische Wiederholung von im Dialog erarbeiteten Rechenvorgängen ermöglicht. Eine Erweiterung der Basiskennzahlen-Berechnung ist damit für den Anwender auf einfachem Wege ohne spezielle Programmierkenntnisse jederzeit möglich.

Die exemplarische Anwendung des Verfahrens zur Analyse und Reorganisation des Distributionssystems in einer ausgewählten Unternehmung mit lagerorientierter Mehrproduktfertigung ermöglichte eine gezielte Schwachstellenanalyse. Sie lieferte darüber hinaus geeignete Vorschläge zu Reorganisationsmaßnahmen mit dem Ziel einer kostengünstigeren Gestaltung des Distributionssystems. Die Ergebnisse der kennzahlengestützten Untersuchung wurden durch eine detaillierte simulationsgestützte Analyse und Optimierung des Distributionssystems prinzipiell bestätigt. Sicherlich wird die überaus detaillierte Analyse und Optimierung mittels eines erprobten, aber in der Anwendung kostenintensiven Simulationsmodells durch dieses kennzahlengestützte Verfahren nicht abgelöst. Es findet jedoch seinen Platz in der kurzfristigen, aktuellen und schnellen Analyse von Distributionssystemen.

Darüberhinaus gestattet seine Konzeption den Übergang von der Nachkalkulation zum problemorientierten, gezielten Einsatz des Simulationsverfahrens zur weiterführenden, detaillierten Untersuchung von aufgedeckten Schwachstellen und zur Erarbeitung langfristig-strategischer Sollkonzeptionen.

Im Ergebnis leistet das Verfahren damit auf der Basis betrieblich
verfügbarer Daten eine kurzfristige, kostengünstige und praktika-
ble Analyse realer Distributionssysteme. Es gestattet zusätzlich
die Erarbeitung von Reorganisationsmaßnahmen und die Abschätzung
ihrer Kostenwirksamkeit. Es schließt damit die Lücke zwischen den
strategisch-langfristig und den operativ-kurzfristig orientierten
Maßnahmen der logistischen Planung von Distributionssystemen.

9. Literaturverzeichnis

1. Antoine, H.:   Kennzahlen, Richtzahlen, Planungszahlen.
2. Aufl., Wiesbaden 1958.

2. Assfalg, H.:   Lagerhaltungsmodelle für mehrere
Produkte.
Meisenheim am Glan 1976.
(Beiträge zur Datenverarbeitung
und Unternehmensforschung).

3. Back, H.:   Distribution - Teil logistischer
Funktionen.
In: RKW Handbuch Logistik.
Hrsg.: H. Baumgarten, u.a.,
3. Lieferung II/1982.
Berlin 1982.

4. Ballou, R. H.:   Business Logistics Management.
New York 1973.

5. Batelle-Institut: Probleme und Methoden des Marketing
in der Produktions- und
Investitionsgüterindustrie.
Band 1.
Frankfurt 1966 - 1968.

6. Berg, C. C.:   Zur Kosten-Leistungsrechnung
logistischer Prozesse in industriellen
Unternehmen.
In: KRP, 6(1980), S. 249-254.

7. Berg, C. C.,
Maus, M.:   Steuerung mit Hilfe von Kennzahlen.
In: Die Unternehmung, Schweizerische
Zeitschrift für Betriebswirtschaft,
Heft 3, 1980, S. 189-198.

8. Bidlingmaier, J.:   Marketing.
Band 2.
Hamburg 1973.

9. Bildschirmtext-Lexikon   Hrsg.: Roth, H.-G., Sucharewicz, L.,
München 1983.

10. Blank, U.:   Entwicklung eines Verfahrens zur
Segmentierung von Warenverteilungs-
systemen.
Aachen TH Diss. 1980.

11. Blank, U.,
Kunz, D.,
Rollmann, M.:   Warenverteilungsstrukturen und
Strategien im Zwielicht steigender
Logistikkosten.
In: VDI-Z, 123(1981)22, S. 917-921.

12. Bowersox, D. J.:   Logistical Management.
                              New York, London 1974.

13. Bowersox, D. J.,   Physical Distribution Management,
    Smykay, E. W.,   Logistics problems of the firm.
    La Londe, B. J.:   New York, London 1968.

14. Brown, R. G.:   Statistical Forecasting for
                              inventory control.
                              New York, Toronto, London 1959.

15. Brunner, M.:   Planung in Saisonunternehmen.
                              Zeitliche Abstimmung zwischen
                              Fertigungs- und Absatzvolumen bei
                              saisonalen Absatzschwankungen.
                              Köln, Opladen 1962.

16. (BSL) :   Bedingungen und Entgelte für den
                              Spediteur-Sammelgutverkehr.
                              Hrsg.: Bundesverband für Spedition
                              und Lagerei.
                              Bonn 1976.

17. (BSL) :   Bedingungen und Entgelte für den
                              Spediteur-Sammelgutverkehr.
                              Hrsg.: Bundesverband für Spedition
                              und Lagerei.
                              Bonn 1978.

18. (BSL) :   Bedingungen und Entgelte für den
                              Spediteur-Sammelgutverkehr.
                              Hrsg.: Bundesverband für Spedition
                              und Lagerei.
                              Bonn 1981.

19. Bürkler, A.:   Kennzahlensysteme als Führungs-
                              instrument; ein Lösungsvorschlag
                              für den gewerblichen Detailhandel
                              in der Schweiz.
                              Zürich 1977.

20. (BmV-KVO) :   Kraftverkehrsordnung für den
                              Güterverkehr mit Kraftfahrzeugen.
                              Hrsg.: Bundesminister für Verkehr.
                              Bonn 1970.

21. (BmV-RKT) :   Reichskraftwagentarif für den
                              Güterfernverkehr.
                              Hrsg.: Bundesminister für Verkehr.
                              Bonn 1975.

22. Delfmann, W.:   Lieferzeitorientierte Warenverteilung.
                              Berlin 1978.

- 132 -

23. Deutsche Bundespost: Benutzerhandbuch, Datex-P.
Hrsg. Fernmeldetechnisches
Zentralamt,
Kundenberatung für Dateldienste.
Darmstadt, 2. Nachdruck 6/1982.

24. Deutsche Bundespost: Datel-Handbuch.
Hrsg. Fernmeldetechnisches Zentralamt.
Darmstadt 1983.

25. Dollinger, W.:   Grußwort.
In: Kongresshandbuch 4. Internat.
Logistic-Kongreß ILC '83.
Dortmund 1983, S. 6.

26. Domschke, W.:   Einige mathematische Modelle und
Verfahren als Hilfsmittel zur
Optimierung logistischer Systeme und
Prozesse.
In: BFuP, 29(1977)1, S. 1-17.

27. Dorloff, F. D.,
Erdmann, W.,
Kunz, D.:   Aufnahme und Analyse der Auftrags-
abwicklung in einem Unternehmen der
Investitionsgüterindustrie.
Unveröffentlichter Bericht des
Forschungsinstituts für Rationalisierung
an der RWTH Aachen.
Aachen 1971.

28. Drysdale, J.K.,
Sandiford, P.J.:   Heuristic Warehouse Location - A Case
History Using A New Method.
In: Canadion Operations Research Society
Journal, 7(1969)1, S. 45 ff

29. Dzida, W.,
Herdu, S.,
Itzfeld, W.,
Schubert, H.:   Was ist Benutzerfreundlichkeit ?
In: Der GMD-Spiegel, St. Augustin,
7(1977), S. 11-22

30. Eisele, P.:   Simulationsmodelle zur Distributions-
kostenminiemierung bei zentraler bzw.
dezentraler Warenauslieferung.
Zürich, Frankfurt/M., Thun 1976.

31. Falter, M.:   Statistische Analyse unterschiedlich
automatisierter Auftragsabwick-
lungsverfahren und deren Einfluß
auf die Höhe der Auftragsabwicklungskosten.
Aachen TH Diss. 1980.

32. Feldmann, E.,
Lehrer, F.A.,
Ray, T.L.:   Warehouse Location under Continuous
Economies of Scale.
In: Management Science, 12(1966)9,
S. 670-684

33. Gablers Wirtschafts-   Gablers Wirtschaftslexikon.
    lexikon: 2. Band.
                              Hrsg.: Sellien, R., Sellien, H..
                              Wiesbaden 1965.

34. Grochla, E.:   Grundlagen der Materialwirtschaft.
                              Wiesbaden 1978.

35. Grochla, E.,   Erfolgsorientierte Materialwirtschaft
    Fieten, R.,   durch Kennzahlen.
    Puhlmann, M.,   Baden-Baden 1983.
    Vahle, M.:

36. Haberstock, L.:   Grundzüge der Kosten- und
                            Erfolgsrechnung.
                            München 1977.

37. Hackstein, R.,   Wirtschaftliche Warenverteilungs-
    Middelmann, H.:   strategie.
    Rollmann, M.,   In: FB/IE, 29(1980)5, S. 319-324.

38. Hackstein, R.,   Rationalisierung der Warenverteilung
    Kunz, D.:   mit Hilfe der Simulation.
                            In: FB/IE, 26(1977)1 S. 49-54.

39. Hackstein, R.,   Kennzahlen aus fertigungsbezogenen
    Maluche, Chr.:   Daten.
                            In: Die Arbeitsvorbereitung,
                            17(1980)5, S. 123-129.

40. Heinen, E.:   Zur empirischen Analyse des Zielsystems
                            der Unternehmung durch Kennzahlen.
                            In: Die Unternehmung, (1972)1, S. 1-13.

41. Henning, D. P.:   Spezifische Aspekte der Logistik im
                            Handel.
                            In: RKW-Handbuch Logistik,
                            Hrsg.: H. Baumgarten, u.a.,
                            2. Lieferung VII.
                            Berlin 1981.

42. Hesselbach, J.,   Betriebliche Entscheidungen mittels
    Eisgruber, L.:   Simulation.
                            Hamburg, Berlin 1967.

43. Hessenmüller, B.:   Kostenbedrängnis im industriellen
                            Vertrieb?
                            In: Rationalisierung, 13(1962)4,
                            S. 83-87.

44. Hirsch, E.:   Lieferservice.
                            In: Physical Distribution im
                            modernen Management.
                            hrsg. v. Klee, Wendt.
                            München 1972.

45. Hörschgen, H.:   Grundbegriffe der Betriebswirtschafts-
                         lehre II.
                         Stuttgart 1979.

46. Ingham, H.,   Pyramid structure - a pattern for
    Harrington, L. T.:   comparative measurements.
                         In: The Manager 1956, S. 657-660.
                         Zitiert bei Lachnit, L.:
                         Zur Weiterentwicklung betriebswirt-
                         schaftlicher Kennzahlensysteme.
                         In: ZfbF, 28(1976), S. 221.

47. Jassmann,   Steuerung von Kosten und Leistung.
    Bodenstein: In: RKW-Handbuch Logistik,
                         Hrsg.: H. Baumgarten, u.a.,
                         6. Lieferung V 83,
                         Frankfurt/Main 1983.

48. Johnson, J.C.,   Contemporary Physical Distribution
    Wood, D.F.:   & Logistics.
                         2nd Ed., Tulsa/Oklahoma 1982.

49. Joost, R.:   Unsicherheitsreflexe auf Vorgabe und
                         Kontrolle mit Kennzahlensystemen.
                         Erlangen-Nürnberg Diss. 1975.

50. Jünemann, R.:   Integration fördertechnischer Prinzipien.
                         Vom Materialfluß über die Transportkette
                         zur Logistik.
                         In: VDI-Nachrichten 29(1975)49, S. 16-18

51. Jünemann, R.;   Zur Dimensionierung konventioneller
    Scheid, W.-M.:   Einheitenlager.
                         In: fördern und heben 28(1978)9,
                         S. 605-612

52. Jünemann, R.:   Zukunftsaspekte und Entwicklungs-
                         tendenzen in der Materialflußtechnik.
                         In: 2. Europäischer Materialflußkongreß,
                         EMK'80 Kongreßhandbuch, Zürich 1980,
                         S. 134-145

53. Kapoun, J.:   Logistik - ein moderner Begriff mit
                         langer Geschichte.
                         In: Zeitschrift für Logistik,
                         2(1981)3, S. 123-127.

54. Kedzierski, H.:   Kontrollsystem zur optimalen
                         Lagerhaltung.
                         In: Rationalisierung, 24(1973)9,
                         S. 254-270.

55. Kern, W.:   Kennzahlensysteme als Niederschlag
                         interdependenter Unternehmungsplanung.
                         In: Schmalenbachs Zeitschrift für
                         betriebswirtschaftliche Forschung,
                         1971, S. 701-718.

56. Kirsch,   Betriebswirtschaftliche Logistik.
     Bamberger u.a.:   Wiesbaden 1973.

57. Klee, J.,   Aufgaben und Organisation
     Türks, M.:   der Warenverteilung.
                            In: Praxis der betrieblichen Waren-
                            verteilung - Marketing - Logistik.
                            Hrsg.: L. G. Poth,
                            Düsseldorf 1970, S. 67-89.

58. Klee, J.,   Physical Distribution im modernen
     Wendt, P. D.:   Management.
                            München 1972.

59. Klee, J.,   Physical Distribution.
     Röhr, S.,   In: Management Enzyklopädie.
     Türks, M.:   Band 4.
                            München 1971, S. 1106-1117.

60. Konen, W.:   Kosten physischer Distribution lassen
                            sich optimieren mit Hilfe von
                            Simulation.
                            In: Maschinenmarkt, 88(1982)97.
                            S. 2069-2072.

61. Konen, W.,   Analyse und Reorganisation von
     Kunz, D.,   Distributionssystemen.
     Rollmann, M.:   In: RKW-Handbuch Logistik,
                            Hrsg.: H. Baumgarten, u.a.,
                            3. Lieferung II, Berlin 1982.

62. Korndörfer, W.:   Unternehmensführungslehre.
                            Lehrbuch der Unternehmensführung.
                            Wiesbaden 1976.

63. Krulis-Randa, J. S.:   Marketing-Logistik.
                            Eine systemtheoretische Konzeption
                            der betrieblichen Warenverteilung
                            und Warenbeschaffung.
                            Bern, Stuttgart 1977.

64. Kuck, B.:   Informationen für Entscheidungsprozesse
                            in der Logistik (mit Beispiel).
                            In: RKW-Handbuch Logistik,
                            Hrsg.: H. Baumgarten, u.a.,
                            Grundlieferg I/81, Berlin 1981

65. Kuehn, A.A.,   A Heuristic Program for Locating
     Hamburger, M.J.:   Warehouses.
                            In: Management Science, 9(1983),
                            S. 643 ff.

66. Kunz, D.:   Entwicklung und Erprobung einer
                            Methode zur Bestimmung wirtschaft-
                            lich strukturierter Warenvertei-
                            lungssysteme.
                            Aachen TH Diss. 1976.

67. Kunz, D.:   Untersuchungen über den Einfluß der
                                  Struktur von Warenverteilungsnetzen auf
                                  die Distributionskosten.
                                  Opladen 1977.

68. Kunz, D.,   Rechnergestützte Planung wirt-
    Schulte-Zurhausen, M.:   schaftlicher Lagersysteme.
                                  In: RKW-Handbuch Logistik,
                                  Hrsg.: H. Baumgarten, u.a.,
                                  5. Lieferung I/83.

69. Kupka, I.,   Dialogsprachen.
    Wilsing, N.:   Stuttgart 1975.
                                  (Teubner Studienbücher,
                                   Informatik Bd. 32)

70. Lachnit, L.:   Zur Weiterentwicklung wirtschaftlicher
                                  Kennzahlensysteme.
                                  In: ZfB, 28(1976), S. 216-230.

71. Lamla, M.:   Standortbestimmung für Außenlager.
                                  In: Physical Distribution im
                                  modernen Management.
                                  Hrsg.: Klee, J., Wendt, P.D..
                                  München 1971, S. 113-135.

72. Lanzendörfer, R.:   Dimensionierung von physischen
                                  Distributionssystemen.
                                  Karlsruhe TH Diss. 1973.

73. Lauzel, P.,   Des ratios au tableau de bord.
    Cibert, A.:   Paris 1959.
                                  Zitiert bei: G. Schott: Kennzahlen,
                                  Instrument der Unternehmensführung,
                                  4. Aufl., Stuttgart, Wiesbaden 1981,
                                  S. 291.

74. Lembcke, R. u.a.:   Kennziffern als Führungsinstrument.
                                  In: das Rechnungswesen.
                                  Handbuch der Buckführungsorganisation
                                  Bilanzierung und Kostenrechnung.
                                  Hrsg.: Lembcke u.a..
                                  Wiesbaden 1975.

75. Liebig, V. W.:   Kennzahlenanalyse, Grundlagen und
                                  Möglichkeiten.
                                  In: Zeitschrift für betriebswirtschaft-
                                  liche Forschung - Kontaktstudium
                                  29(1977), S. 71-79.

76. Lässig, H.:   Der kombinierte Ladungsverkehr
                                  im System Transportkette.
                                  In: RKW-Handbuch Logistik.
                                  Hrsg.: H. Baumgarten, u.a.,
                                  6. Lieferung V/1983.

77. Magee, J. F.:   The Logistics of Distribution.
                         In: Harvard Business Review.
                         Boston, Ma. 38(1960)4, S. 89-101.

78. Magee, J. F.:   Industrial Logistics.
                         New York, San Francisco, Toronto,
                         London, Sidney 1968.

79. Magee, J. F.:   Physical Distribution Systems.
                         New York, St. Louis u.a. 1967.

80. Maluche, Ch.:   Entwicklung eines Kennzahlensystems
                         für den Produktionsbereich auf der
                         Basis sekundär statistischer Daten.
                         Aachen TH Diss. 1979.

81. Maluche, Ch.,   Entwicklung einer Systematik zur Analyse
     Pitra, L.:   fertigungsbezogener Daten und zur
                         Ermittlung von Kennzahlen für
                         betriebliche Vergleiche.
                         Schlußbericht zum Forschungsauftrag der
                         Stiftung zur Förderung der Forschung
                         für die gewerbliche Wirtschaft
                         Nr. S 26).
                         Aachen 1978.

82. Meffert, H.:   Marketing, Einführung in die
                         Absatzpolitik.
                         Wiesbaden 1977.

83. Meyer, C.:   Kennzahlen und Kennzahlen-Systeme.
                         Stuttgart 1976.

84. Middelmann, H. W.:   Entwicklung von Strategien zur
                         Optimierung des Leistungs-
                         Kostenverhältnisses in der
                         Warenverteilung.
                         Aachen TH Diss. 1978.

85. Miebach, J.:   Moderne Systeme der Auftrags-
                         erfassung.
                         o.O. 1971.

86. Müller-Merbach, H.:   Operations-Research.
                         3. Aufl., München 1973.

87. Nowak, P.:   Betriebswirtschaftliche Kennzahlen.
                         In: Handwörterbuch der Wirtschafts-
                         wissenschaften, Bd. 1.
                         Hrsg.: Hax, K., Wessels, Th..
                         Wiesbaden 1966, S. 701-726.

88. Oppenauer, E.D.:   Modell zur Ermittlung kostengünstiger
                         Distributionssysteme.
                         Dortmund Diss. 1978.

89. Pfohl, H.-Ch.:   Marketing-Logistik.
                               Gestaltung, Steuerung und Kontrolle
                               des Warenflusses im modernen Markt.
                               Mainz 1972.

90. Radke, M.:   Kennzahlen.
                               In: Management-Enzyklopädie, Bd.3
                               München 1970, S. 854-864

91. Rattat, K. H.:   Straßentransport.
                               In: Physical Distribution im
                               modernen Management.
                               Hrsg.: Klee, J., Wendt, P. D..
                               München 1971, S. 173-190.

92. Reichmann, Th.:   Kennzahlen und Kennzahlensysteme.
                               Reihe: Beiträge zur Industrieforschung.
                               Dortmund 1983.

93. Reichmann, Th.,   Planung, Steuerung und Kontrolle
     Lachnit, L.:   mit Hilfe von Kennzahlen.
                               In: ZfbF 28(1976), S. 705-723.

94. Reichmann, Th.,   Logistik-Kennzahlen als Führungsgrößen.
     Scholl, H.J.:   Unveröffentlichtes Manuskript,
                               Dortmund 1984.

95. Reimann, M.:   Ist der eigene Fuhrpark billiger als
                               Speditionsfahrzeuge?
                               In: Rationalisierung,
                               17(1966)10, S. 252-254.

96. Rollmann, M.,   Kostentreiber in der Logistik
     Konen, W.:   dingfest gemacht - Simulationsmodell für
                               die Praxis.
                               In: Rationeller Handel, 24(1981)5,
                               S. 42-48.

97. Scharnbacher, K.:   Betriebswirtschaftliche Statistik.
                               Lehrbuch mit praktischen Beispielen.
                               Band 1: Statistik im Betrieb.
                               Wiesbaden 1975.

98. Schenk, H.:   Die Betriebskennzahl.
                               Begriff, Ordnung und Bedeutung
                               für die Betriebsbeurteilung.
                               Leipzig 1939.

99. Schott, G.:   Kennzahlen.
                               3. Aufl., Stuttgart-Degerloch 1970.

100. Schott, G.:   Kennzahlen, Instrument der
                               Unternehmensführung.
                               4. Aufl., Stuttgart, Wiesbaden 1981.

- 139 -

101. Shycon, H. B.,   Simulation-tool for better
     Maffei, R. B.:   distribution.
                         In: Harvard Business Review,
                         Boston, Ma. 38(1960)6, S. 65-75.

102. Smykay, E. W.:   Physical Distribution Management.
                         Third Edition.
                         New York, London 1973.

103. Soom, E.:   Neue Methoden zur Berechnung der
                         Sicherheitsbestände.
                         In: Fortschrittliche Betriebsführung
                         und Industrial Engineering,
                         25(1976)2, S. 91-97.

104. Staehle, W. H.:   Kennzahlen und Kennzahlensysteme
                         als Mittel der Organisation und
                         Führung von Unternehmen.
                         Wiesbaden 1969.

105. Statistisches   Statistisches Jahrbuch für die Bundes-
     Bundesamt: republik Deutschland.
                         Wiesbaden 1983.

106. Tempelmeier, H.:   Standortoptimierung in der
                         Marketing-Logistik.
                         Königstein/Taunus 1980.

107. Tempelmeier, H.:   Lieferzeit-orientierte
                         Lagerungs- und Auslieferungsplanung.
                         Würzburg, Wien 1983. (=1983a)

108. Tempelmeier, H.:   Quantitative Marketing-Logistik.
                         Berlin, Heidelberg, New York,
                         Tokyo 1983. (=1983b)

109. Traumann, P.:   Marketing-Logistik.
                         Heidelberg 1973.

110. Tucker, S. A.:   Successful Managerial Control by
                         Ratio-Analysis.
                         New York, Toronto, London 1961.

111. Türks, M.:   Auftragsabwicklung.
                         In: Physical Distribution im
                         modernen Management.
                         Hrsg.: Klee, J., Türks, M..
                         München 1971.

112. Vodrazka: Betriebsvergleich.
                         Stuttgart 1967.
                         (Sammlung Poeschel, P51)

113. Vormbaum, H.:   Finanzierung der Betriebe.
                         Wiesbaden 1976.

114. Waldmann, J.:   Die Bedeutung des Lieferservice für
                              die Optimierung von Verteilsystemen.
                              In: RKW-Handbuch Logistik,
                              Hrsg.: H. Baumgarten, u.a.,
                              3. Lieferung II/1982.

115. Wendt, K.-G.:   Informationsbedarf für
                              Industrielles Management.
                              Berlin, New York 1974.

116. Winkler, H.:   Warenverteilungsplanung.
                              Wiesbaden 1977.

117. Winkler, H.:   DV-gestützte Gestaltung der Fertig-
                              warenlagerung und -verteilung.
                              In: Kongreßhandbuch 4. Internat.
                              Logistik Kongreß ILC '83, Band 1,
                              Dortmund 1983, S. 124-127.

118. Wissenbach, H.:   Betriebliche Kennzahlen und ihre
                              Bedeutung im Rahmen der Unternehmens-
                              entscheidung.
                              Berlin 1967.

119. Witten, P.:   Distributionsmodelle.
                              Verkehrswissenschaftliche Studien,
                              Bd. 25.
                              Göttingen 1974.

120. Wolf, J.:   Kennzahlen als betriebliche
                              Führungsinstrumente.
                              München 1977.

121. Wöhe, G.:   Einführung in die Allgemeine
                              Betriebswirtschaftslehre.
                              12. Aufl.,
                              München 1976.

122. ZVEI: ZVEI-Kennzahlensystem, ein Instrument
                              zur Unternehmenssteuerung.
                              Hrsg.: Zentralverband der Elektro-
                              technischen Industrie e.V. (ZVEI)
                              Frankfurt am Main 1976.
                              (Betriebswirtschaftliche Schriftenreihe
                               des ZVEI)

123. ZVEI: ZVEI-Leitfaden Logistik.
                              Hrsg.: Zentralverband der Elektro-
                              technischen Industrie e.V. (ZVEI)
                              Frankfurt am Main 1982.
                              (ZVEI-Schriftenreihe)

FIR Forschung für die Praxis

Berichte aus dem Forschungsinstitut für Rationalisierung (FIR), Aachen, und dem Lehrstuhl für Arbeitswissenschaft (IAW) der Rheinisch-Westfälischen Technischen Hochschule Aachen

Herausgeber: Prof. Dr.-Ing. R. Hackstein

1 **Qualitätszirkel und andere Gruppenaktivitäten**
Von F. J. Heeg. ISBN 3-540-15498-1.
1985, 232 Seiten mit 45 Abbildungen und 17 Tabellen   63.- DM

2 **Planung und Auslegung von Palettenlagern**
Von P. Bauer. ISBN 3-540-15499-X.
1985, 148 Seiten mit 42 Abbildungen und 8 Tabellen   63.- DM

3 **Kennzahlen in der Distribution**
Von W. Konen. ISBN 3-540-15624-0.
1985, 150 Seiten mit 9 Abbildungen und 7 Tabellen   63.- DM

4 **Personalbedarf der Arbeitsplanung**
Von P. Bresser. ISBN 3-540-15625-9.
1985, 179 Seiten mit 65 Abbildungen und 6 Tabellen   63.- DM

5 **Analyse und Grobprojektierung von Logistik-Informationssystemen**
Von O. Gast. ISBN 3-540-15626-7.
1985, 187 Seiten mit 68 Abbildungen und 30 Tabellen   63.- DM